PNEUMATISCHE MATERIALTRANSPORTE

UNTER BESONDERER BERÜCKSICHTIGUNG DER

SPÄNEABSAUGE-ANLAGEN

EIN NEUES

PRAKTISCHES BERECHNUNGSVERFAHREN

VON

HANS RUDOLF KARG

OBERINGENIEUR

MIT 7 TABELLEN / 3 ROHRPLÄNEN
1 EXHAUSTOR-KONSTRUKTIONSZEICHNUNG
NORMALIEN FÜR EINZELWIDERSTÄNDE UND
VIELEN BEISPIELEN

MÜNCHEN UND BERLIN 1927

DRUCK UND VERLAG VON R. OLDENBOURG

Vorwort.

Das Gebiet der »pneumatischen Materialtransporte« im allgemeinen und das der »Späneabsauge-Anlagen« im besonderen wurde bislang in der Fachliteratur stiefmütterlich behandelt, wenn man von wenigen, in Zeitschriften zerstreuten, nicht gerade belangreichen Aufsätzen absieht. Wohl sind einige Sonderarbeiten über Rohrleitungen vorhanden; eine erschöpfende Abhandlung in Buchform über Späneabsauge-Anlagen hinsichtlich ihrer Anordnungen und Berechnungen, die auch dem Nichtspezialisten die Möglichkeit bietet, solche und andere pneumatische Transportanlagen ohne Zuhilfenahme eines unbequemen Kurvenatlases und ohne Anwendung zeitraubender und trotzdem nicht unbedingt zuverlässiger Berechnungen zu erstellen, aber nicht. Durch Darbietung umfassender Tabellen und Beispiele wird die Aufgabe ganz wesentlich erleichtert.

Das neue Verfahren erhebt, obschon auf wissenschaftlicher Grundlage stehend, keinen Anspruch auf theoretische Genauigkeit, hat hingegen seit über zehn Jahre den unwiderleglichen Beweis für seine praktische Brauchbarkeit erbracht. Die vorliegende Abhandlung füllt sonach eine fühlbare Lücke aus und dürfte sich bald in Kreisen der Ingenieure, Techniker und sonstiger Interessenten einbürgern.

Es sei übrigens auch noch darauf hingewiesen, daß die Berechnung pneumatischer Materialtransporte, insbesondere der Späneabsauge-Anlagen und der hierfür stets erforderlichen verzweigten Rohrleitungen einen nahezu unentbehrlichen Anhang meines gleichfalls im Verlage R. Oldenbourg, München und Berlin, im Jahre 1926 erschienenen Werkes: »Schleudergebläse«, Berechnung und Konstruktion, bildet; wo man Schleudergebläse benötigt, kommen fast ausnahmslos auch Rohrleitungen in Frage. Das ändert indes nichts an der Tatsache, daß das vorliegende Werkchen auch als etwas Selbständiges anzusehen und für das behandelte Sondergebiet mit Nutzen zu verwenden ist.

Berlin-Neukölln, im Oktober 1926.

Hans Rudolf Karg.

Inhaltsverzeichnis.

bei sonst gleichem Material das höhere Mischungsverhältnis — hier
1 : 1500 — zufolge des höheren spezifischen Gewichtes auch relativ größere
Druckverluste bedingt. Aber nicht allein das spezifische Gewicht des
Fördergutes, sondern auch die Form und Größe der einzelnen Materialteil-
chen, also Körnchen, Kugel-, Kegel-, Umdrehungsellipsoidformen usw.
sind sehr zu berücksichtigen.

Will man nun für die nötigen Ermittelungen eine für den praktischen
Gebrauch verwendbare Basis schaffen, so ist es ratsam, hierfür eine
Gestaltung zu wählen, die sich besonders für Laboratoriumsversuche
eignet und als solche hat sich die Kugel erwiesen. Sie allein bietet
Gewähr für Erlangung zuverlässiger Versuchswerte, da sie in jeder
Lage dem angreifenden Luftstrom die genau gleiche Angriffsfläche und
Form darbietet, was bei anderen Körperformen eben nicht zutrifft.

Zunächst handelt es sich um die Bestimmung der sog. »Schwebegeschwindigkeit«, d. h. derjenigen Luftströmung innerhalb eines Rohres
in m/sek., deren Prallgewalt so groß ist, daß sie den Körper frei in der
Schwebe erhält. Die hierfür erforderliche Strömungsgeschwindigkeit
wird bei irgendeiner Kugelgröße und einem bestimmten Gewichte
stets die gleiche sein, der Kugelform halber. Anders liegt der Fall,
wenn es sich um einen zylindrischen Körper oder gar einen völlig un-
symmetrischen, wie Hobelspäne handelt, weil diese während des Trans-
portes zufolge der unvermeidlichen Wirbel, entstanden durch das An-
prallen an die Rohrwandungen fortgesetzt ihre Lage verändern und
hierbei dem sie fortreißenden Luftstrom immer wechselnde Angriffs-
flächen darbieten. Um einem solchen Körper die nötige Schwebegeschwindigkeit zu erteilen, bedarf es sonach einer geringeren Strömungsgeschwindigkeit, als bei einer Kugel gleichen Materiales und gleichen
Gewichtes. Hieraus resultiert nun, daß man — da reine Kugelform
bei Materialtransporten nie oder doch nur höchst selten angenähert vor-
kommt — für den jeweils vorliegenden Fall Form und Gewicht des
Fördergutes auf eine ideelle Kugel repartiert. Es darf nicht verschwiegen
werden, daß es hierzu reicher Erfahrungen bedarf. Eine allerdings rohe
Kontrolle liegt in Erfahrungswerten, nach denen für die Absaugung
von Staub in Mühlen, Putzereien, Schleifereien, wobei es sich doch um
feinere Korngrößen handelt, die anstandslos als Kugeln betrachtet
werden können, und deren spezifisches Gewicht 2,5 kg/cdm nicht über-
schreitet, eine Geschwindigkeit von 10 m/sek. zur sicheren Abführung
genügt.

Wesentlich anders liegen die Verhältnisse bei der Förderung von
Holzabfällen. Bei sonst gleichem Mischungsverhältnis werden Säge-
späne geringerer Geschwindigkeit bedürfen, als Späne der Abricht- und
Hobelmaschinen und die feinen Späne der Bandsägen werden sich auch
leichter transportieren lassen, als jene der Kreis- oder gar Gattersägen.
Für gewöhnlich wird man mit sekundlichen Strömungsgeschwindigkeiten

von 9 bis 24 m auskommen; sie vermögen sich aber auch bis über 30 m erforderlich zu machen.

Die älteren Angaben über Materialfördergeschwindigkeiten stammen von Baumgärtner und gipfeln in folgender richtiggestellten und erweiterten Tabelle:

v in m/sek	2	3	4	5	
p in g/qmm	0,00025	0,00055	0,00098	0.00153	
Differenz für $0,1 \cdot v$	0,00003	0,000043	0,000055	0,00007	
$v =$ 6	7	8	9	10	11
$p = 0,0022$	0,0030	0,0039	0.0050	0,0061	0,0074
Diff. 0,00008	0,00009	0,00011	0,00011	0,00013	0,00013
$v =$ 12	13	14	15	16	17
$p = 0,0088$	0,0104	0,0120	0,0138	0.0157	0,0177
Diff. 0,00016	0,00016	0,00018	0,00019	0,00020	0,00022
$v =$ 18	19	20	21	22	23
$p = 0,0199$	0,0221	0,0245	0,0270	0,0296	0,0324
Diff. 0,00022	0,00024	0,00025	0,00026	0,00028	0,00029
$v =$ 24	25	26	27	28	29
$p = 0,0353$	0,0383	0,0414	0,0446	0,0480	0,0515
Diff. 0,00030	0,00031	0,00032	0,00034	0,00035	0,00036
$v =$ 30	31	32	33	34	35
$p = 0,0551$	0,0588	0,0627	0,0667	0,0708	0,0750
Diff. 0,00037	0,00039	0,00040	0,00041	0,00042	0,00044
$v =$ 36	37	38	39	40	
$p = 0,0794$	0,0838	0,0884	0,0932	0,0980	
Diff. 0,00044	0,00046	0,00048	0,0004∗		

$a =$ Auftrieb, um das Korn zu heben,
$f =$ Querschnitt eines Kornes in qmm,
$g =$ Gewicht des Kornes in Gramm,
$v =$ Luftgeschwindigkeit in m/sek,
$p =$ Luftdruck in g/qmm.

Wird das Korn gerade noch vom Luftstrom getragen, herrscht sonach Schwebegeschwindigkeit, dann ist

$$p \cdot f = g \text{ und daraus } p = g : f.$$

Man sucht in der Tabelle zunächst die zugehörige Geschwindigkeit v.

Um das Korn aber fördern zu können, ist eine größere Kraft als p nötig; es ist dies der Auftrieb

$$a = (p \cdot f) - g$$

gleich sein können. Man braucht sich nur Form und Größe der Hobel-
maschinenspäne mit jenen einer Bandsäge vor Augen zu halten. Es
gilt zunächst die für die kleinsten bzw. leichtesten und die größten,
schwersten Späne nötige Fördergeschwindigkeit zu ermitteln, und zwar
geschehe dies nach dem Blaeßschen Verfahren.

Die kleinsten und leichtesten Späne sind sicher jene der Band-
und Kreissäge. Man wähle letztere, weil das für diese gewonnene Resultat für die feineren Späne der Bandsäge unbedingt ausreichend ist und
dann wende man sich den schwersten, jenen der Hobelmaschinen zu.
Aus den Ermittelungen ist zu ersehen, welche Geschwindigkeiten im
Mittel und äußerst nicht unterschritten werden dürfen, ohne die Sicherheit
der Späneförderung zu gefährden.

Die größten Sägespäne können als ideelle Kugeln von 3 mm Durchmesser in Rechnung gestellt werden; das spezifische Gewicht beträgt,
wie schon gesagt, 0,75 kg/cbdm und hiernach ermitteln sich:

$$H_v = 1,3 \cdot \gamma_1 \cdot D = 1,3 \cdot 0,75 \cdot 3 = 2,925 \text{ mm WS}$$

und hieraus:

$$v = 4 \cdot \sqrt{Hv} = 4 \cdot \sqrt{2,925} = 6,84 \text{ m/sek.}$$

Der im vorigen Absatz als Beispiel herangezogene Hobelmaschinen-
span von $100 \cdot 30 \cdot 1$ mm oder 3000 cbmm stelle die äußerste Größe dar.
Auf Grund der Darlegungen gelte für ihn eine ideelle Kugel halben
Volumens.

Um ähnliche Umwandlungen rasch und sicher durchführen zu
können, ohne sich einer Berechnung nach der Gleichung

$$V = \frac{d^3 \cdot \pi}{6}$$

unterziehen zu müssen, sei nachstehend eine Tabelle geboten, die auch
gleichzeitig zur raschen Gewichtsbestimmung von Kugeln bzw. Korngrößen Verwendung finden kann, wie sich solche bei Anwendung des
Verfahrens von Baumgärtner nötig macht.

Kugelinhalte in Kubikmillimeter.

$\bigcirc$ mm	1	2	3	4	5	6	7	8
cbmm	0,523	4,186	14,13	33,49	65,41	113,0	179,5	267,9
$\bigcirc$ mm	9	10	11	12	13	14	15	16	17
cbmm	381,4	523,3	696,0	903,7	1148	1436	1765	2143	2570
$\bigcirc$ mm	18	19	20	21	22	23	24	25	26
cbmm	3051	3590	4186	4845	5568	6370	7229	8177	9184
$\bigcirc$ mm	27	28	29	30					
cbmm	10 300	11 488	12 760	14 120					

(Um das Gewicht einer Kugel in Gramm zu erhalten, ist der jeweilige Tabellenwert mit $^1/_{1000000}$stel des spezifischen Gewichtes von 1 cbm zu multiplizieren. Z. B.:

feuchtes Buchenholz wiege 750 kg/cbm, dann wiegt eine Kugel von 20 mm Durchmesser:

$$(4186 \cdot 750) : 1\,000\,000 = 3{,}1395 \text{ Gramm.})$$

Der große Hobelmaschinenspan entspricht hiernach einer ideellen Kugel von rund 1500 cbmm oder 14 mm Durchmesser und für eine solche ermittelt sich:

$$1{,}3 \cdot 0{,}75 \cdot 14 = 13{,}65 \text{ mm WS}$$

und hieraus

$$v = 4 \cdot \sqrt{13{,}65} = 14{,}8 \text{ m/sek,}$$

wofür der Sicherheit halber **16** m/sek genommen werden sollen.

Da die beiden Hobelmaschinen die meisten Späne erzeugen, empfiehlt es sich, die ihnen zugehörige Fördergeschwindigkeit als die mittlere, die wirtschaftliche der Absaugeanlage zu betrachten, und von dieser ausgehend, die Geschwindigkeit in den anderen Strängen zu bestimmen. Ob dies direkt möglich ist, soll eine Untersuchung dartun.

Da die Förderluftmenge bei dem Mischungsverhältnis 1 zu 1500 und die Fördergeschwindigkeit gegeben sind, suche man die zugehörigen Rohrweiten, um ermessen zu können, ob diese den praktischen Erfordernissen entsprechen.

Für die Bandsäge (5) ist die Luftmenge am geringsten; die Fördergeschwindigkeit beträgt 6,84 m/sek. oder rund 7,0 m/sek. und das entspricht einem Rohrquerschnitt von

$$F = V : v = \frac{0{,}17}{60 \cdot 7{,}0} = 0{,}000\,405 \text{ qm}$$

oder 22,7 mm Durchmesser.

Ohne weitere Begründung ist einzusehen, daß die Späne durch ein solch enges Rohr nicht zu transportieren sind. Sofern es sich nicht um Staub und damit um ganz kleine Korngrößen handelt, gelangen denn auch nie Rohre unter 70 bis 75 mm Durchmesser zur Verwendung. Um nun aber die unerläßliche Geschwindigkeit zu wahren, muß das Mischungsverhältnis geändert werden, man muß mehr Luft herbeiführen. Für Hobelmaschinen der hier in Frage kommenden Art findet man meistens Rohrweite von 150 mm Durchmesser, was einem freien Querschnitt von 0,01767 qm entspricht. Da die Geschwindigkeit 16 m/sek. betragen muß, läßt sich die erforderliche Luftmenge leicht berechnen. Sie stellt sich minutlich auf:

$$Q = F \cdot v \cdot 60 = 0{,}01767 \cdot 16 \cdot 60 = 16{,}963 \text{ rund } 17{,}0 \text{ cbm,}$$

und damit das Mischungsverhältnis zu:

$(17{,}0 \cdot 60){:}(222{:}750) = 1020{:}0{,}296 =: 3446$ oder rund $^1/_{3440}$,

dessen spezifisches Gewicht, wie folgt ist:

Die 1020 cbm Luft wiegen bei $\gamma = 1{,}2$ kg/cbm $= 1124$ kg

dazu die Späne . . . . $\underline{\hphantom{aaaa}222 \text{ »}}$

zusammen 1346 kg,

und diese durch das Volumen 1020 dividieren ergeben

1,3196 oder rund 1,32 kg/cbm.

Die Mischungsverhältnisse an den übrigen Absaugestellen und damit die spezifischen Gewichte werden zufolge der geringeren Spänemengen andere sein; hierauf kann indes erst später eingegangen werden.

Ist man in der Berechnung bis hierher gelangt, dann wird es unerläßlich, die für die übrigen Absaugestellen und die Knotenpunkte erforderlichen Luftmengen zu bestimmen, um sodann die Rohrdurchmesser zu errechnen. Man könnte leicht versucht werden, die Luftmengen proportional den Spänemengen anzunehmen; dies wäre aber ein grober Fehler und eine danach bestimmte Rohrleitung würde nie den an sie zu stellenden Aufgaben gerecht werden.

Zu 3. ist vorauszuschicken, daß Liefermengen, Rohrdurchmesser und Fördergeschwindigkeiten zueinander in Beziehungen stehen, und zwar

$$\frac{Q'}{Q} = \left(\frac{\lambda}{\lambda'}\right)^{1/2} \left(\frac{D'}{D}\right)^{5/2}$$

Diese Gleichung, welche die veränderte Liefermenge Q' bei beliebig verändertem Durchmesser D' ausdrückt, bietet Gelegenheit, leicht die Geschwindigkeit v' zu finden, welche bei verändertem Quantum Q, auftritt. Setzt man, wie richtig

$$Q = 60 \cdot \frac{D^2 \cdot \pi}{4} \cdot v$$

so ist

$$\frac{Q'}{Q} = \frac{D'^2 \cdot v'}{D^2 \cdot v} \cdot$$

Ermittelt man hieraus $D':D$ und fügt dies Resultat in die obige Beziehung ein, so findet man nach einfacher Umformung

$$\frac{v'}{v} = \left(\frac{\lambda}{\lambda'}\right)^{1/5} \left(\frac{Q'}{Q}\right)^{1/5}$$

d. h. abgesehen von dem mit dem Durchmesser nur gering veränderlichen λ verhalten sich die Geschwindigkeiten wie die fünften Wurzeln der Liefermengen. Die Geschwindigkeit ändert sich sonach in Bezug auf die Menge sehr langsam; wächst Q um 50 vH, dann vergrößert sich v kaum um $^{1}/_{12}$ seines ursprünglichen Wertes.

Eine Rohrleitung hiernach zu dimensionieren, entpsricht allerdings nicht genau wissenschaftlichen Grundsätzen, schon deshalb nicht, weil der veränderliche Wert des Koeffizienten λ keine Berücksichtigung findet. Für die Praxis ergeben sich jedoch durchaus brauchbare Werte, und zwar auf dem denkbar einfachsten Wege. Es darf nicht übersehen werden und ist jedem Fachmanne bekannt, daß auch die sorgfältigst berechnete und ausgeführte Rohrleitung im Betriebe niemals haarscharf die gestellten Bedingungen erfüllt. Geringfügige Undichtigkeiten, Verbeulungen u. dgl. beeinflussen die Strömung und die nicht absolute Sicherheit der Koeffizienten für die Einzelwiderstände bedingt gleichfalls eine Änderung der theoretischen Leistung. Letztere wird auch dadurch ungünstig beeinflußt, daß mitunter einzelne Maschinen bzw. Stränge ausgeschaltet werden, wodurch die Strömungsgeschwindigkeiten, sofern nicht gleichzeitig die Umdrehungen des Schleudergebläses entsprechend geändert werden, was nicht immer angängig ist, eine wesentliche Beeinflussung erfahren. Hierauf soll an geeigneter Stelle noch näher eingegangen werden.

Es gibt freilich noch andere Berechnungsmethoden für pneumatische Materialtransporte, die mehr oder minder zutreffende Ergebnisse bringen; es gibt aber keine, welche einfacher und doch gleich brauchbar für die Praxis ist. Das von Dr.-Ing. Blaeß in Vorschlag gebrachte Verfahren nach der äquivalenten Fläche ist zu empfehlen, weil es nachweisbar gute Werte liefert. Es ist indes nicht jedermanns Sache, sich des umfangreichen Rohratlases zu bedienen, und unterläßt man das, ist man lediglich auf das Rechnungs- oder graphische Verfahren angewiesen, dann ist die Bestimmung eines einigermaßen verzweigten Rohrnetzes eine überaus umständliche und zeitraubende Sache.

Für die Brauchbarkeit des hier in Anwendung gebrachten Verfahrens spricht die Tatsache, daß der Verfasser es seit über zehn Jahren anwendet und mit ihm noch nie Mißerfolge zu verzeichnen hatte, trotzdem einige sehr große und unter mißlichen Verhältnissen arbeitende Absauge- und Transportanlagen erstellt wurden; dieselben funktionieren sämtlich tadellos und unter restloser Einhaltung der mitunter scharfen Gewährleistungen, die übernommen werden mußten.

Da sich die Berechnung fünfter Wurzeln allein auf logarithmischem Wege durchführen läßt und deshalb umständlich ist, wird es sicher vielen Lesern willkommen sein, eine ausführliche Tabelle fünfter Wurzeln nachstehend zu finden, mittels derer es leicht ist, die nötigen Bestimmungen zu treffen.

Tabelle der 5ten Wurzeln.
Kolumne I = Radikand, Kolumne II = 5te Wurzel.

I	II	I	II	I	II	I	II
0,9900	0,998	0,5950	0,901	0,3450	0,808	0,1975	0,723
9800	996	5900	900	3400	806	1950	721
9700	994	5850	898	3350	804	1925	719
9600	992	5800	897	3300	801	1900	717
9500	990	5750	895	3250	799	1875	715
9400	988	5700	894	3200	796	1850	714
9300	986	5650	892	3150	794	1825	712
9200	984	5600	890	3100	791	1800	710
9100	981	5550	889	3050	789	1775	708
9000	979	5500	887	3000	786	1750	706
0,8900	0,977	5450	886	0,2975	0,785	1725	704
8800	975	5400	884	2950	783	1700	702
8700	973	5350	882	2925	782	1675	700
8600	970	5300	881	2900	781	1650	697
8500	968	5250	879	2875	779	1625	695
8400	966	5200	877	2850	778	1600	693
8300	963	5150	876	2825	777	1575	691
8200	961	5100	874	2800	775	1550	689
8100	959	5050	872	2775	774	1525	687
8000	956	5000	871	2750	773	1500	684
0,7900	0,954	0,4950	0,869	2725	771	1475	682
7800	952	4900	867	2700	770	1450	680
7700	949	4850	865	2675	768	1425	677
7600	947	4800	864	2650	767	1400	675
7500	944	4750	862	2625	765	1375	673
7400	942	4700	860	2600	764	1350	670
7300	939	4650	858	2675	763	1325	669
7200	936	4600	856	2550	761	1300	665
7100	934	4550	854	2525	759	1275	662
7000	931	4500	852	2500	758	1250	660
0,6950	0,930	4450	851	2475	756	1225	657
6900	929	4400	849	2450	755	1200	654
6850	927	4350	847	2425	753	1175	652
6800	926	4300	845	2400	752	1150	649
6750	924	4250	843	2375	750	1125	646
6700	923	4200	841	2350	749	1100	643
6650	922	4150	839	2325	747	1075	640
6600	920	4100	837	2300	745	1050	637
6550	919	4050	835	2275	744	1025	634
6500	917	4000	833	2250	742	1000	631
6450	916	0,3950	0,830	2225	740	0,0975	0,628
6400	915	3900	828	2200	739	0950	624
6350	913	3850	826	2175	737	0925	621
6300	912	3800	824	2150	735	0900	618
6250	910	3750	822	2125	734	0875	614
6200	909	3700	820	2100	732	0850	611
6150	907	3650	818	2075	730	0825	607
6100	906	3600	815	2050	729	0800	603
6050	904	3550	813	2025	727	0775	600
6000	903	3500	811	2000	725	0750	596

I	II	I	II	I	II	I	II
0,0725	0,592	0,0450	0,538	0,0175	0,445	0,0020	0,293
0700	587	0425	532	0150	432	0010	270
0675	583	0400	525	0125	416		
0650	579	0375	519	0100	398		
0625	574	0350	511	0,0090	0,390		
0600	571	0325	504	0080	381		
0575	565	0300	496	0070	371		
0550	560	0275	487	0060	359		
0525	555	0250	478	0050	347		
0500	549	0225	468	0040	331		
0475	544	0200	457	0030	313		

Um auf die Festlegung der für die einzelnen Maschinen in Betracht kommenden Luftmengen zu kommen, würden sich, falls die Luftquanten im Verhältnis der Spänemengen und einer Fördergeschwindigkeit von 16 m/sek. angenommen werden, folgende Größen ergeben:

1. und 2. die Hobelmaschinen erbringen je 222 kg/stdl. Späne, und erhalten Rohre von 150 mm Durchmesser = 0,01767 qm,
3. Abrichtemaschine 113 kg Späne = 8,65 cbm/min = 0,009 qm = 107 mm Durchmesser,
4. Kreissäge 44 kg Späne = 3,75 cbm = 0,00391 qm = 70,6 mm Durchmesser,
5. Bandsäge 5 kg Späne = 0,43 cbm = 0,000448 qm = 23,9 mm Durchmesser,
6. Drehbank 12 kg Späne = 1,03 cbm = 0,00107 qm = 37 mm Durchmesser,
7. Bodensammelgrube 32 kg Späne = 2,73 cbm = 0,00284 qm = 60,2 qmm Durchmesser.

Man sieht, daß lediglich nach diesem Verfahren Rohrweiten mit unterlaufen, die praktisch nicht anwendbar sind. Bei der Drehbank sowohl, wie auch bei der Sammelgrube fallen unbedingt Spangrößen an, welche durch die engen Rohre kaum oder garnicht zu fördern sind. Hier ist mit theoretischen Erwägungen nicht viel auszurichten und deshalb wendet man sich praktischen Erfahrungen zu und veranschlagt als Rohrweiten:

für 3. = 125 mm Durchm. = 0,0123 qm und damit 11,8 cbm/min,
» 4. u. 7. je 80 mm Durchm. = 0,00503 qm und damit je 4,8 cbm pro min,
» 5. u. 6. je 75 mm Durchm. = 0,00412 qm und damit je 4,0 cbm pro min.

Es wird sich sofort zeigen, daß sich die angenommene Fördergeschwindigkeit von 16 m/sek. wie damit auch die Rohrdurchmesser ganz automatisch richtigstellen. Dies geschieht bei Anwendung des Gesetzes der fünften Wurzeln.

Zählt man die einzelnen der vorstehend festgelegten Fördermengen zusammen (wobei natürlich die minimalen Spänevolumen vernachlässigt werden können, ohne einen merkbaren Fehler zu begehen), dann stellt sich heraus, daß es sich minutlich um 63,4 cbm handelt, die durch den Exhaustor angesaugt und weitergedrückt werden müssen. Wer peinlich genau ist, müßte jetzt erst die Mischungsverhältnisse und deren spezifische Gewichte in den einzelnen Strängen und Knotenpunkten errechnen, eine wenig nutzbringende Arbeit, weil sie das Gesamtergebnis kaum merkbar zu beeinflussen vermag. Der Beweis hierfür soll noch erbracht werden. Die Hauptsache ist, daß die mittlere Geschwindigkeit, also diejenige der hauptsächlich belasteten Stränge 1 und 2 nicht unterschritten wird und diejenige der weniger belasteten Stränge, die geringe Spänemengen mit kleiner Körnung zu fördern haben, nicht unter die ermittelten 7 m/sek. sinkt. Daß diese Bedingung zutrifft, wird sich gleich zeigen.

Unter Hinweis auf den Einfluß der fünften Wurzel sollen nunmehr für die einzelnen Förderquanten, deren Geschwindigkeiten und zugehörigen Rohrdurchmesser berechnet werden.

Die Stränge 1 und 2 fördern je 17 cbm/min bei 16 m/sek. Welche Geschwindigkeit hat nun im Sammelstrang, der zum Exhaustor führt, zu herrschen, und welchen Durchmesser beansprucht derselbe?

Das Mengenverhältnis des Sammelstranges mit 63,4 cbm zum Strang 1 mit 17 cbm und $v = 16,0$ m/sek. ist

$$17 : 63,4 = 0,2681,$$

welcher Wert in der Wurzeltabelle in Spalte 1 aufzusuchen ist. Man findet da den Wurzelwert für den nächstgelegenen Radikanten 0,2675 gleich 0,768 und diesen dividiert man in die Geschwindigkeit des Stranges 1; also

$$16 : 0,768 = 20,83 \text{ oder rund } \mathbf{20,8} \text{ m/sek.}$$

Aus der Fördermenge = 63,4 cbm und der Geschwindigkeit $v = 20,8$ m ergibt sich nach

$$F = V : v = (63,4 : 60) : 20,8 = 0,0508 \text{ qm} = 255,0 \text{ mm Durchm.}$$

Die Gesamtfördermenge, deren Geschwindigkeit nun bekannt ist, als Basis genommen, läßt sich die Fördergeschwindigkeit und mit dieser der zugehörige Rohrdurchmesser für alle weiteren Stränge und Knotenpunkte errechnen. Ausführlich ist dies im gegebenen Beispiel einer ganzen Anlage zu finden. Als Probe sei hier noch die Festlegung der Geschwindigkeit für die beiden schwächsten Stränge 5 und 6 bewirkt.

Jeder dieser Stränge hat 4,0 cbm/min zu fördern. Berechnet nach der Gesamtmenge:

$$4 : 63,4 = 0,06309 \text{ und damit } 0,575 \cdot 20,8 = \text{ rund } 12 \text{ m/sek.}$$

und berechnet nach Strang 1:

$$4 : 17 = 0,2353 \text{ und damit } 0,749 \cdot 16 = \text{ rund } 12 \text{ m/sek.}$$

Es stimmt sonach nach beiden Richtungen hin.

Vielleicht wird der Vorwurf erhoben, daß der Verfasser etwas sehr freigebig mit den Rohrweiten sei. Das ist aber keineswegs der Fall; daß man gerade bei Späneabsauge- und Transportanlagen nicht engherzig bei Bemessung der freien Querschnitte sein soll, liegt doch eigentlich auf der Hand, denn ein weites Rohr vermag sich minder leicht zu verstopfen, als ein enges, für welches Holzspäne, Hadern, Wollabfälle u. dgl. besonders gefährlich sind.

Um die unbedingt erforderlichen Fördergeschwindigkeiten einhalten zu können, heischen weite Rohre selbstverständlich bei sonst gleichem v mehr Luft, als enge, und damit — so wird man vielleicht sagen — erhöhten Kraftbedarf. Das ist, wie sofort nachgewiesen werden soll, nicht zutreffend; der vermeintlich höhere Kraftbedarf wird unter sonst gleichen Verhältnissen bei Verwendung enger Rohre durch die erhöhten Reibungsverluste innerhalb derselben wettgemacht.

Anderseits ist freilich nicht in Abrede zu stellen, daß sich eine Rohrleitung größeren Durchmessers teurer in der Beschaffung stellt, als eine gleiche mit engen Rohren. Diese Differenz ist indes, sofern die Rohrdimensionen nicht übertrieben werden, selten so hoch, daß damit die Fordersicherheit und das Ausbleiben von Verstopfungen zu teuer bezahlt wäre.

Der vorstehend angebotene Beweis werde nun geführt. Es genügt vollkommen, wenn derselbe auf ein gerades Rohr beschränkt wird.

Angenommen werde, es handle sich um eine Strömungsgeschwindigkeit $v = 20$ m. sek. und einerseits um ein 50 m langes Rohr von 100 mm Durchm. = 0,007854 qm und anderseits ein gleich langes Rohr von 250 mm Durchm. = 0,04909 qm. Bei gleicher Geschwindigkeit werden die durchfließenden Luftmengen den Rohrquerschnitten proportional sein und es ermitteln sich nach der Gleichung $Q = F \cdot v$ folgende minutlichen Liefermengen:

för 100 mm Durchm.: $Q = 0,007854 \cdot 20 \cdot 60 = 9,42$ cbm,

» 250 mm Durchm.: $Q = 0,04909 \cdot 20 \cdot 60 = 58,91$ cbm.

Das spezifische Gewicht der Luft betrage 1,2 kg cbm.

Das Mischungsverhältnis für das Rohr von 100 mm Durchm. soll zu 1 1500 angenommen werden, dann beträgt das Materialvolumen

$$9,42 : 1500 = 0,00628 \text{ cbm}$$

und diese wiegen bei einem spezifischen Gewicht von 2000 kg cbm = 12,56 kg.

Da für das 250er Rohr dieselbe Materialmenge in Frage kommt, muß sich natürlich das Mischungsverhältnis ändern; es beträgt:

$$58,91 : 0,00628 = 1 \, / 9380.$$

Aus diesen Daten lassen sich die spezifischen Gewichte der Luft Materialmischungen bestimmen; sie beziffern sich:

för 100 mm Durchm. auf: $9,42 \cdot 1,2 = 11,304$ kg,

dazu das Materialgewicht . . . . . 12,560 »

zusammen 23,864 : 9,42 = 2,53 kg/cbm,

für 250 mm Durchm. auf: 58,91 · 1,2 = 70,692 kg

dazu das Materialgewicht . . . . . 12,550 »

zusammen 83,242:58,91 = 1,41 kg/cbm

Der zur weiteren Berechnung erforderliche Koeffizient λ, dessen Bestimmung in einem späteren Abschnitt erfolgen soll, und der aus der »Lambda-Tabelle« zu entnehmen ist, stellt sich

für 100 mm Durchm. auf 0,0235,

» 250 mm Durchm. auf 0,0169,

und das Verhältnis $L:D$, d. h. Rohrlänge durch Durchmesser in m,

für 100 mm Durchm. auf 500,

» 250 mm Durchm. » 200.

Da in beiden Rohren die Strömungsgeschwindigkeit dieselbe = 20 m/sek. ist, kommt für beide derselbe Wert für $\frac{v^2}{2 \cdot g}$ in Ansatz und dieser beträgt $(20 \cdot 20):(2 \cdot 9,81) = 20,39$.

Nun sind alle Faktoren beisammen, um die Rohrreibungsverluste für beide Rohrstränge errechnen zu können, und zwar geschieht dies nach der Gleichung:

$$\Sigma = \lambda \cdot \frac{L}{D} \cdot \frac{v^2}{2 \cdot g} \cdot \gamma$$

Die Werte eingesetzt, handelt es sich

bei 100 mm Durchm. um $0,0235 \cdot 500 \cdot 20,39 \cdot 2,53 = 606$ mm WS,

» 250 mm Durchm. um $0,0169 \cdot 200 \cdot 20,39 \cdot 1,41 = 97$ mm WS.

Man erkennt sofort, daß die Reibungswiderstände trotz des wesentlich geringeren Förderquantums bei gleicher Strömungsgeschwindigkeit im engen Rohr erheblich größer, als im weiten sind; sie betragen hier über das Sechsfache, was zum Teil auf das höhere spezifische Gewicht der Mischung zurückzuführen ist.

Hiernach möchte man annehmen, daß der Betrieb mit dem engen Rohr — von tatsächlichen Übelständen, die aber auf einem anderen Gebiete liegen, abgesehen — unwirtschaftlicher sei, als bei Verwendung des weiten Rohres. Diese weitverbreitete Annahme ist jedoch eine irrige! Das enge Rohr weist allerdings beträchtlich höheren Druckverlust gegenüber dem weiten auf, aber die Fördermenge ist dafür geringer, trotz gleicher Materialförderung, und zwar genau in demselben Verhältnis (hier 6,25) wie die Summe der Widerstände. Daraus muß sich ergeben, daß der Kraftbedarf zur Überwindung in beiden Fällen derselbe sein muß und dies wird durch Nachrechnung bestätigt.

Die Gleichung zur Bestimmung des theoretischen Kraftbedarfes an Pferdestärken lautet:

$$PS = (Q \cdot h):75 \cdot 60,$$

worin Q das minutliche Förderquantum in cbm und h die Pressung in mm Wassersäule bedeuten. Wieder die Werte eingesetzt, bestimmt er sich

für 100 mm Durchm.: PSth = $(9,42 \cdot 606):(75 \cdot 60) =$ rund 1,27,

» 250 mm Durchm.: PSth = $(58,91 \cdot 97):(75 \cdot 60) = $ » 1,27.

Da bei fast allen Spänetransportanlagen die gesamte Fördermenge vom Exhaustor ab noch eine mehr oder minder lange Strecke unter Druck einem Abscheider, einer Spänekammer oder dergleichen zugeführt werden muß, für die Höhe der Reibungswiderstände das spezifische Gewicht der Mischung gemäß vorstehend gebrachtem Beispiel von Einfluß ist, darf nicht übersehen werden, neben dem spezifischen Gewicht der Mischung im meistbelasteten Strang auch dasjenige der Gesamtfördermischung zu bestimmen, die in der Druckleitung vom Exhaustor ab — der nun als Ventilator zu wirken hat — zur Strömung gezwungen wird. Diese Regel auf das vorliegende Beispiel angewendet, ergibt ein Mischungsverhältnis

für 255 mm Durchm. = 63,4 · 60 · 1,2 = 4564,8 kg,

dazu Gewicht der Späne. . . . . . . 650,0 »

zusammen 5214,8 kg : 3804 = 1,37 kg

und da 650 kg Späne einem Volumen von

650 : 750 = 0,8667 cbm

entsprechen, handelt es sich um ein Mischungsverhältnis von

0,8667 : 3804 = 1/4390.

Für die am meisten belasteten Stränge 1 und 2 haben sich bei einem Mischungsverhältnis von 1/3440 und einem spezifischen Gewicht von 1,42 Strömungsgeschwindigkeiten von 16 m/sek. als hinreichend erwiesen und deshalb soll diese Geschwindigkeit als auch genügend für den Druckstrang angenommen werden, so daß sich ein Rohrdurchmesser von

63,4 : (16 · 60) = 0,066 qm = 290 mm

ergibt.

Zu 4. Um das Wesen des Rohrreibungskoeffizienten λ darzutun, erscheint es unerläßlich, kurz auf die Geschichte seiner Entwicklung einzugehen.

Alle zur Erforschung der Rohrreibungswiderstände angestellten Versuche haben unzweideutig erkennen lassen, daß die Hemmungen, welche zu überwinden sind, vornehmlich von der Größe der benetzten Fläche und beinahe genau proportional der dynamischen Druckhöhe der Flüssigkeit sind. Drückt man die erforderliche Leistung in mm Wassersäule aus, wie dies üblich und zieht kreisrunde Röhren als Förderorgane in Betracht, so gilt die Gleichung

$$H = \lambda \frac{L}{D} \cdot \frac{\gamma \cdot v^2}{2 \cdot g}$$

worin λ einen besonderen Erfahrungswert darstellt. Dieser Koeffizient tritt an die Stelle bislang noch nicht genau bekannter Gesetze und somit ist auch nicht zu erwarten, daß er eine unveränderliche Größe sein wird. Der Wert des Koeffizienten wird sich ändern mit wechselnder äußerer Reibung, mit der inneren Reibung und Zähigkeit der Flüssigkeit, sodann auch mit dem Durchmesser der Leitung, sowie der in letzterer

2*

herrschenden Strömungsgeschwindigkeit. Zu dieser Erkenntnis gelangte man allerdings erst im Laufe der Jahre und infolge der fortgesetzten Versuche. In älteren Schriften findet man den Koeffizienten λ noch als Konstante angegeben.

Weisbach, eine unserer technischen Koryphäen, folgerte gemäß seiner »Ingenieur-Mechanik« vom Jahre 1862, daß λ umgekehrt proportional zur Wurzel aus der Geschwindigkeit stehe; wenn also mit a' eine Konstante bezeichnet wird, dann ergäbe sich für

$$\lambda = \frac{a'}{\sqrt{v}}$$

und Grashof, der sich bekanntlich eingehend mit der Bewegung von Gasen und Dämpfen in langen Rohrleitungen befaßte, stellte die Formel auf:

$$\lambda = a + \frac{b + c \cdot D}{D \cdot \sqrt{v}}$$

Verdienste um die Sache hat sich auch Prof. Rietschel in Berlin erworben. Die Ergebnisse seiner eigenen und anderer Forschungen lassen sich zusammenfassen in der Form

$$\frac{\lambda}{4} = 0{,}00309 + \frac{0{,}00209}{v} + \frac{0{,}000337}{u} + \frac{0{,}000878}{v \cdot u}$$

worin unter u der Leitungsumfang zu verstehen ist. Wie ersichtlich, zeigt sich λ in dieser Formel in keineswegs einfacher Bauart; das Gesetz der Widerstandskoeffizienten gestaltet sich bei weiterer Untersuchung immer verwickelter.

Im Jahre 1907 veröffentlichte R. Biel eine Abhandlung über Druckhöhenverluste, worin er versuchte, das gesamte ihm bekannte Versuchsmaterial über Rohrleitungswiderstände für alle Flüssigkeiten in dasselbe Gesetz zu kleiden. So stellte Biel denn den allgemeinen empirischen Ausdruck auf

$$\lambda = a + \frac{b}{D} + \frac{c}{v \cdot D} \cdot \eta$$

worin neben den bekannten Größen gleichfalls die Zähigkeit und die innere Reibung der Flüssigkeiten mit in Betracht gezogen sein sollen.

Auch der französische Ingenieur P. Petit hat sich mit Festlegung des Koeffizienten beschäftigt. Auf seine und einige andere Arbeiten kann hier indes nicht weiter eingegangen werden.

Stellt man diese Forschungsresultate in Diagrammform zusammen, wobei sie am augenfälligsten werden, so zeigen sich Unterschiede, die nicht als geringfügig bezeichnet werden können.

Es muß als eine verdienstliche Leistungs des Dr.-Ing. V. Blaeß bezeichnet werden, daß er mit Erfolg den Versuch unternahm, in diesen Wirrwarr dadurch Ordnung zu schaffen, daß er für die Bestimmung von λ eine Formel bot, die unter normalen Verhältnissen den praktischen Anforderungen zu genügen vermag. Blaeß schreibt darüber in seinem Buche: »Die Strömung in Röhren und die Berechnung weitverzweigter Leitungen und Kanäle« (Verlagsbuchhandlung R. Oldenbourg in München-Berlin) S. 16 u. f.

»Zum Zwecke der nachfolgenden Untersuchung ist es nötig, ein bestimmtes Gesetz für λ zu wählen, das als Mittelwert den praktisch vorkommenden Verhältnissen möglichst gut entspricht. Nimmt man als Material der Leitungsrohre Zink, verzinktes Eisenblech, Schwarzblech, Gußeisen usw. an, wobei die Rohre in der in der Praxis üblichen Weise verlegt sein sollen, und läßt man den in den praktischen Geschwindigkeitsgrenzen von 6 bis 22 m/sek. nicht allzu großen Einfluß der Geschwindigkeit auf λ unberücksichtigt, so erhält man für atmosphärische Luft folgende Form von λ ,die nur D enthält:

$$\lambda = 0{,}0125 + \frac{0.0011}{D}$$

deren Konstanten aus den vielfachen Beobachtungen berechnet wurden, die der Verfasser an langen Blechrohren ausgeführt hat. Wie eine graphische Zusammenstellung zeigt, stimmt dieses Gesetz bei größeren Durchmessern mit dem von Rietschel usw. gut überein und kommt bei kleineren Durchmessern der Kurve von Biel II am nächsten. Für mittlere Werte stellt sich also der Druckverlust in mm WS auf

$$H = \lambda \cdot \frac{L}{D} \cdot \frac{\gamma \cdot v^2}{2 \cdot g}$$

wobei λ gleich vorstehender Formel einzusetzen ist.

Die Werte von D und L sind in m auszudrücken; v in m/sek.; γ in kg/cbm; $g = 9{,}81$ m/sek^2.

Es ist klar, daß dieses Verfahren nur Annäherungswerte ergeben kann, da, wie schon bemerkt, der Druckverlust nicht nur von den Umfangskräften abhängt, sondern auch davon, wie sich die Wirbelungen im Innern der Leitung ausbilden.«

Diesen Darlegungen vermag der Verfasser nur beizupflichten. Berücksichtigt man die mannigfachen Einflüsse, welche die errechnete Leistung einer pneumatischen Transportanlage störend zu beeinflussen vermögen und beachtet man, daß der Koeffizient λ bei seiner Kleinheit kaum einen ausschlaggebenden Einfluß auf die Berechnung auszuüben vermag, dann kann man sich, der Einfachheit halber, vielleicht sogar dazu entschließen, für $\lambda = 0{,}02$ als Konstante zu setzen. Für Überschlagsrechnungen mag das sogar zu empfehlen sein.

Um die nötigen Berechnungen tunlichst zu erleichtern, ist nachstehend eine »Lambda-Tabelle« geboten, welcher die Werte für die hauptsächlichsten Rohrdurchmesser von 20 bis 1500 mm Durchm. enthält.

Tabelle der Koeffizienten Lambda nach Blaeß

gemäß der Formel: $\lambda = 0,0125 + \dfrac{0,0011}{D}$ worin D in m.

φ mm	λ	φ mm	λ	φ mm	λ
20	0,0675	310	0,01605	740	0,01399
25	0565	320	01594	750	01397
30	0501	325	01588	760	01395
35	0439	330	01582	780	01391
40	0400	340	01574	800	01388
45	0369	350	01564	820	01384
50	0345	360	01556	825	01383
55	0325	370	01547	840	01381
60	0308	375	01543	850	01379
65	0294	380	01540	860	01378
70	0282	390	01532	875	01376
75	0271	400	01525	880	01375
80	0263	410	01518	900	01372
85	0254	420	01512	920	01370
90	0247	425	01509	925	01369
95	0241	430	01506	940	01367
100	0235	440	01500	950	01366
110	02230	450	01494	960	01365
120	02167	460	01489	975	01363
125	02130	470	01484	980	01362
130	02096	475	01482	1000	01360
140	02036	480	01479	1025	01357
150	01983	490	01474	1050	01355
160	01938	500	01470	1075	01352
170	01897	520	01462	1100	01350
175	01878	525	01466	1125	01348
180	01861	540	01454	1150	01346
190	01829	560	01446	1175	01344
200	01800	575	01441	1200	01342
210	01774	580	01440	1250	01338
220	01750	600	01433	1300	01335
225	01739	620	01427	1350	01331
230	01729	625	01426	1400	01329
240	01708	640	01422	1450	01326
250	01690	650	01419	1500	01323
260	01673	660	01417		
270	01657	675	01413		
275	01650	680	01412		
280	01643	700	01407		
290	01629	720	01403		
300	01617	725	01402		

Die in der Tabelle aufgeführten Rohrdurchmesser entsprechen den in der Praxis normal ausgeführten, die natürlich nicht immer mit den errechneten übereinstimmen. Wenn die Anfertigung abnormaler Rohrdurchmesser auch etwas teurer zu stehen kommt, so ist es doch im Interesse der richtigen Strömung und der Kraftersparnis halber ratsam, die Ausführung einer Rohrleitung nach den errechneten Durchmessern bewirken zu lassen.

Wie aus der Formel zu ersehen, bedarf es aber auch der Werte aus $\dfrac{v^2}{2 \cdot g}$ und wenn deren Berechnung auch leicht ist, so erscheint es doch bequemer, sie einer Tabelle entnehmen zu können. Eine solche ist nachfolgend zu finden und damit wird die Berechnung der Reibungsverluste in mm WS sowohl für einzelne Stränge, als auch für eine ganze Rohrleitung erheblich vereinfacht. Man hat nur nötig, das Verhältnis $L:D$ zu bestimmen und das zu ermittelnde spezifische Gewicht γ für das Mischungsverhältnis einzusetzen.

Wo es sich darum handelt, für Rohrweiten, die nicht in der Tabelle enthalten sind, den richtigen Wert zu ermitteln, muß man interpolieren; übrigens genügt auch eine gute Abschätzung.

Hilfstabelle. Werte für $\dfrac{v^2}{2 \cdot g}$

v		v		v		v	
1,0	0,051	4,0	0,815	7,0	2,497	10,0	5,097
1	0,062	1	0,857	1	2,569	1	5,199
2	0,073	2	0,899	2	2,642	2	5,303
3	0,086	3	0,942	3	2,716	3	5,407
4	0,100	4	0,987	4	2,791	4	5,513
5	0,115	5	1,032	5	2,867	5	5,619
6	0,130	6	1,078	6	2,944	6	5,727
7	0,147	7	1,126	7	3,022	7	5,835
8	0,165	8	1,174	8	3,101	8	5,945
9	0,184	9	1,224	9	3,181	9	6,056
2,0	0,204	5,0	1,274	8,0	3,262	11,0	6,167
1	0,225	1	1,326	1	3,344	1	6,280
2	0,247	2	1,378	2	3,428	2	6,393
3	0,270	3	1,432	3	3,511	3	6,508
4	0,294	4	1,486	4	3,596	4	6,624
5	0,319	5	1,542	5	3,682	5	6,741
6	0,345	6	1,598	6	3,770	6	6,858
7	0,372	7	1,656	7	3,858	7	6,977
8	0,400	8	1,715	8	3,947	8	7,097
9	0,429	9	1,774	9	4,037	9	7,218
3,0	0,459	6,0	1,835	9,0	4,128	12,0	7,339
1	0,490	1	1,897	1	4,221	1	7,462
2	0,522	2	1,959	2	4,314	2	7,586
3	0,555	3	2,023	3	4,408	3	7,711
4	0,589	4	2,088	4	4,504	4	7,837
5	0,624	5	2,153	5	4,600	5	7,964
6	0,661	6	2,220	6	4,697	6	8,092
7	0,698	7	2,288	7	4,796	7	8,221
8	0,736	8	2,357	8	4,895	8	8,351
9	0,775	9	2,427	9	4,995	9	8,482

v		v		v		v	
13,0	8,614	18,0	16,51	23,0	26,96	28,0	39,96
1	8,747	1	16,70	1	27,20	1	40,24
2	8,881	2	16,88	2	27,43	2	40,53
3	9,016	3	17,07	3	27,67	3	40,82
4	9,152	4	17,26	4	27,91	4	41,11
5	9,289	5	17,44	5	28,15	5	41,40
6	9,427	6	17,63	6	28,39	6	41,69
7	9,566	7	17,82	7	28,63	7	41,98
8	9,706	8	18,01	8	28,87	8	42,27
9	9,848	9	18,21	9	29,11	9	42,57
14,0	9,990	19,0	18,40	24,0	29,36	29,0	42,86
1	10,13	1	18,59	1	29,60	1	43,16
2	10,28	2	18,79	2	29,85	2	43,46
3	10,42	3	18,99	3	30,10	3	43,76
4	10,57	4	19,18	4	30,34	4	44,05
5	10,72	5	19,38	5	30,59	5	44,35
6	10,86	6	19,58	6	30,84	6	44,66
7	11,01	7	19,78	7	31,10	7	44,96
8	11,16	8	19,98	8	31,35	8	45,26
9	11,32	9	20,18	9	31,60	9	45,57
15,0	11,47	20,0	20,39	25,0	31,86	30,0	45,87
1	11,62	1	20,59	1	32,11		
2	11,78	2	20,80	2	32,37	30,5	47,53
3	11,93	3	21,00	3	32,62	31,0	48,98
4	12,09	4	21,21	4	32,88	31,5	50,80
5	12,25	5	21,42	5	33,14	32,0	52,20
6	12,40	6	21,63	6	33,40	32,5	53,82
7	12,56	7	21,84	7	33,66	33,0	55,50
8	12,72	8	22,05	8	33,93	33,5	57,20
9	12,89	9	22,26	9	34,19	34,0	58,95
16,0	13,05	21,0	22,48	26,0	34,45	34,5	60,70
1	13,21	1	22,69	1	34,72	35,0	62,45
2	13,38	2	22,91	2	34,99	35,5	64,30
3	13,54	3	23,12	3	35,25	36,0	66,10
4	13,71	4	23,34	4	35,52	36,5	67,95
5	13,88	5	23,56	5	35,79	37,0	69,80
6	14,04	6	23,78	6	36,06	37,5	71,70
7	14,21	7	24,00	7	36,33	38,0	73,60
8	14,39	8	24,22	8	36,61	38,5	75,60
9	14,56	9	24,44	9	36,88	39,0	77,60
17,0	14,73	22,0	24,67	27,0	37,16	39,5	79,60
1	14,90	1	24,89	1	37,43	40,0	81,60
2	15,08	2	25,12	2	37,71	40,5	83,65
3	15,25	3	25,35	3	37,99	41,0	85,75
4	15,43	4	25,57	4	38,26	41,5	87,80
5	15,61	5	25,80	5	38,54	42,0	89,90
6	15,79	6	26,03	6	38,83	42,5	92,10
7	15,97	7	26,26	7	39,11	43,0	94,25
8	16,15	8	26,50	8	39,39	43,5	96,45
9	16,33	9	26,73	9	39,67	44,0	98,75

Zu 5. Ein hochbedeutsames Kapitel sind die sog. Einzelwiderstände, unter denen die Façonstücke (Bogen, Knie, Abzweige, Hosenstücke, Reglerorgane usw.) zu verstehen sind. Deren Anzahl und Aus-
gestaltung beeinflussen die Höhe des Druckverlustes stark und ist
ihnen mithin besondere Aufmerksamkeit zuzuwenden.

Der bekannte Spezialist Prof. Brabbée veröffentlichte eine Tabelle,
nach welcher sich der Anteil der Einzelwiderstände am Gesamtwider-
stand für Blechrohrleitungen, die hier wohl allein zu berücksichtigen
sind, wie folgt stellt:

Durchmesser der Stränge	Anteil in Prozenten
50 bis 150 mm	40
100 » 300 mm	60
200 » 600 mm	80
400 » 1100 mm	90
über 1000 mm	95

Diese generellen Werte dürfen selbstverständlich nicht in sorgfältige
Berechnungen eingeführt werden; für rohe Überschläge mögen sie angebracht sein.

Da Einzelwiderstände nicht allein geraden Rohren gegenüber,
sondern auch unter sich hinsichtlich der Druckverluste abweichen, was
soweit geht, daß selbst gleichartige Einzelwiderstände unter sich, je nach
Größe und Winkel nennenswert differieren, versuchte man seit Jahr-
zehnten Koeffizienten für dieselben zu schaffen. Da sind denn mitunter recht sonderbare Sachen zu verzeichnen, so daß man unwillkürlich
an den alten Technikerspruch

»Was man nicht definieren kann,
Sieht man als Koeffizienten an«,

denken muß.

Die hier auftretenden Widerstände sind gesteigerte, als eine natur-
gemäße Folge der verstärkten Flüssigkeitswirbelungen, die durch mehr
oder minder plötzliche Richtungsänderungen der Strömung hervorgerufen werden. Wirbelerscheinungen in glatten geraden Rohren
haben sich bislang einer exakten theoretischen Behandlung wenig zu-
gänglich gezeigt und für Einzelwiderstände trifft das in erhöhtem Maße
zu; man ist auch weiterhin auf Versuche angewiesen, zu denen dem
Praktiker weder die nötigen Einrichtungen, noch die Zeit zur Verfügung
stehen.

Nach allgemeinen Forschungsergebnissen — zuerst diejenigen von
Weisbach — schreibt man den Druckverlust durch Einzelwiderstände
hervorgerufen

$$H = \zeta \cdot \frac{\gamma \cdot v^2}{2 \cdot g}$$

worin ζ einen Erfahrungswert darstellt, der für atmosphärische Luft und z. B. für einen Krümmer von 90⁰ und einem mittleren Radius gleich dem einfachen und doppelten Rohrdurchmesser = 0,2 beträgt. Das besagt, daß ein Krümmer von 300 mm Durchm. und einem mittleren Radius von 450 bis 500 mm bei einer Strömungsgeschwindigkeit von 20 m/sek. und einem spezifischen Luftgewicht von 1,2 kg/cbm einen Druckverlust von

$$0,2 \cdot \frac{1,2 \cdot 400}{2 \cdot 9,81} = \text{rund } 4,9 \text{ mm WS}$$

aufweist.

Das Resultat stimmt nach den neueren Ergebnissen nicht ganz; der Krümmer würde zufolge seines kleinen Halbmessers einen Druckverlust von 5,8 mm WS herbeiführen. Eine Beweisführung folgt noch.

Eine weitverbreitete Tabelle der Reibungskoeffizienten ζ für Einzelwiderstände wurde von Rietschel bzw. Brabbée ausgearbeitet, die aber hinsichtlich einiger Angaben nach den vielseitigen und langjährigen Erfahrungen des Verfassers zu Bedenken herausfordert.

Als Normalkrümmer darf derjenige von 90⁰ und einem mittleren Radius von 2 bis 4 Rohrdurchmesser angesprochen werden. Für diesen gibt die erwähnte Tabelle den Wert $\zeta = 0,15$ an einer Stelle, an einer anderen jedoch $\zeta = 1,0$. Hiernach würden sich für den vorgenannten Krümmer von 300 mm Durchm. jedoch einem Radius von 900 mm bei

$\zeta = 0,15$ rund 3,7 mm WS, was sehr wenig, und bei

$\zeta = 1,00$ rund 24,5 mm WS ergeben, was ohne weitere Beweisführung aber viel zu viel ist. Soll der Wert $\zeta = 1,00$ aber nur relative Bedeutung haben, gewissermaßen als Basis des Normalkrümmers, so mangelt jede hierfür erforderliche Aufklärung in der Liste und das muß entschieden zu Mißverständnissen führen.

Die Berechnung einer verzweigten Rohrleitung erfolgte bisher überwiegend in der Weise, daß man dem Rohrplane die Einzelwiderstände entnahm, deren Druckverluste feststellte und solche in eine gesonderte Liste eintrug, um dann gleiches mit den graden Rohrsträngen zu tun; schließlich wurden beide Listen vereinigt, d. h. deren Werte zusammengezogen.

Diese getrennten Widerstandslisten erschweren die Übersicht und vermehren die Arbeit.

In seinem bereits wiederholt erwähnten Buche macht Blaeß den beherzigenswerten Vorschlag, das übliche Verfahren mit den doch nicht zuverlässigen Koeffizienten fallen zu lassen und an dessen Stelle äquivalente, d. h. gleichwertige Rohrlängen einzuführen. Verfasser erkannte sofort das Zweckmäßige eines solchen Verfahrens, bedient sich seit Jahren desselben und kann es nur allgemein empfehlen. Über das Blaeßsche Äquivalenzverfahren, soweit es sich auf Einzelwiderstände bezieht, ist erläuternd folgendes zu sagen.

Das Schema einer durchgeführten Rohrleitungsberechnung zeigt, in welcher Weise die Einzelwiderstände als gleichwertige Rohrlängen eingefügt werden. Es ist dabei aber wohl darauf zu achten, daß die ge- streckten Längen dieser Einzelwiderstände in die jeweiligen Rohr- stranglängen mit aufzunehmen sind; die in der Rubrik für Einzelwider- stände aufgeführten Werte stellen lediglich die in laufende Meter der zuständigen Rohrweite ausgedrückten Zuschläge gemäß der sonst üb- lichen Formel

$$(\zeta \cdot \gamma \cdot v^2) : 2 \cdot g$$

dar.

Wie schon erwähnt, bringt die Gleichung

$$Hr = \frac{\lambda \cdot L \cdot \gamma \cdot v^2}{D \cdot 2 \cdot g}$$

den Reibungsverlust eines graden Rohres zum Ausdruck und aus beiden Formeln läßt sich unschwer die äquivalente Rohrlänge bestimmen.

Soll bei gleicher Fördergeschwindigkeit H_r = Rohrreibungsverlust gleich H_k = Krümmerverlust sein, so muß

$$\zeta = \lambda \cdot \frac{1}{D} \text{ sein oder es ist } 1 = \zeta \cdot \frac{D}{\lambda}$$

Setzt man den Wert für λ der Überschlagrechnung halber konstant, und zwar im Mittel zu $\lambda = 0,02$, so findet sich

$$L \text{ äquiv.} = 10 \cdot D.$$

Für jeden Krümmer normaler Gestaltung ist sonach zur gestreckten Rohrlänge ein Zuschlag von 10mal Durchmesser zu machen, z. B. für einen Normalbogen von 300 mm Durchm. gebührt sich ein Zuschlag von $10 \cdot 300 = 3,0$ m. Für Krümmer mit von der Normale abweichendem Radius und Winkel sind natürlich größere oder geringere Werte ein- zusetzen. Hierüber erteilt die Sondertabelle Aufschluß.

Da es sich bei Rohrleitungen nicht allein um Krümmer, sondern auch, wie erwähnt, andere Einzelwiderstände handelt, erscheint es geboten, das Prinzip der äquivalenten Rohrlängen als Ausdruck für die Druck- verluste auch auf diese anzuwenden. In welcher Weise dies geschieht, ist aus dem Berechnungsbeispiel einer ganzen Anlage zu ersehen. Des- nngeachtet sollen aber hier noch ein paar Beispiele geboten werden.

Da es der Einzelwiderstände mannigfache und von unterschied- licher Gestaltung sind, vermag man zu deren Bestimmung einer Tabelle nicht zu entraten; sie findet sich nachstehend und soll ihre Verwendung erläutert werden.

Zur Bestimmung des Druckverlustes von Normalkrümmern hat sich aus der großen Reihe von Versuchen für den Koeffizienten ζ der Wert 0,15 als der geeignetste erwiesen. Bei der Bedeutung der Einzel- widerstände soll man vorsichtig sein und nicht in zu geringe Bewertung verfallen. $\zeta = 0,15$ genügt aber einer hinlänglichen Sicherheit. Hiernach würde somit ein Normalkrümmer von 300 mm Durchm. 90⁰ und einem mittleren Radius von 2 bis 4 Rohrdurchmesser — das Mittel angenommen = 900 mm — bei Förderung atmosphärischer Luft, deren spezifisches Gewicht 1.2 kg/cbm betrage und einer Strömungsgeschwindigkeit von 10 m/sek. einen Druckverlust bedingen von:

$$\zeta \cdot \frac{\gamma \cdot v^2}{2 \cdot g} = 0,15 \cdot \frac{1,2 \cdot 100}{19,62} = \text{rund } 0,92 \text{ mm WS}$$

und dieser Wert hat als 1 zu gelten.

Nach dem Blaeßschen Äquivalenzverfahren soll der Druckverlust eines solchen Normalkrümmers dadurch zum Ausdruck gelangen, daß man ihn gleich einer Rohrlänge vom zehnfachen Durchmesser einsetzt. Eine Nachprüfung ergibt nach

$$\Sigma = \lambda \cdot 10 \cdot \frac{v^2}{2 \cdot g} \cdot \gamma = 0,01617 \cdot 10 \cdot 5,097 \cdot 1,2 = 0,99 \text{ mm WS}$$

also fast genau übereinstimmend. Das geringe Plus soll als Sicherheit gern in Kauf genommen werden, und deshalb gelte für den Normalkrümmer 0,99 mm WS als 1.

Angenommen nun, es handle sich um die Bestimmung des Druckverlustes eines Krümmers gleicher Art, jedoch mit einem mittleren Radius von nur $1 \cdot D$ bzw. 300 mm, so findet man in der Tabelle hierfür den Wert 1,66, d. h. der Druckverlust ist gleich 1,66 mal demjenigen des Normalkrümmers = $1,66 \cdot 0,99 = 1,64$ mm WS oder der vom Normalkrümmer abweichende weise statt 90⁰ deren nur 50 auf, dann stellt sich der Druckverlust auf $0,22 \cdot 0,99 = 0,22$ mm.

In äquivalenten Rohrlängen ausgedrückt heißt das, da der Normalkrümmer einer Länge gleich $10 \cdot D$ entspricht für das Beispiel 1 = 1,66 mal 3,0 = 4,98 m und für das Beispiel 2 = $0,22 \cdot 3 = 0,66$ m.

Während man nach dem seither gebräuchlichen Verfahren die Einzelwiderstände von Fall zu Fall berechnen mußte, ist es nach der Äquivalenzmethode von Blaeß nur nötig, den jeweils zehnfachen Rohrdurchmesser als Basis zu betrachten, was natürlich ohne jegliche weitere Rechnungsoperation durchführbar ist.

Äquivalente Werte der Zusatzlängen in Metern für Einzelwiderstände
in Bezug auf einen rechtwinkeligen Krümmer mit dem Achsenradius $r = 2$ bis $4 \cdot d$, der gemäß Prof. Brabbée einen Widerstandskoeffizienten von $\zeta = 1$ aufweist.

Fig.   I.   Knie, 90⁰, rechteckig für Blechkanäle 1,50

Fig. II. dasselbe, 135⁰ 0,50

Fig. III. Doppelknie 3,00

Fig. IV. Bogen, 90°, rund für Blechkanäle
    r = kleiner als d. 2,00
    $r = d$ 1,66
    $r = d$ bis $2 \cdot d$ 1,33
    $r = 2 d$ bis $4 d$ 1,00
    $r = 4 d$ bis $6 d$ 0,46
    r = größer als $6 d$ 0,00

Fig. V. Bogen verschiedener Grade mit $r = 2 d$ bis $4 d$
    20° 0,03
    25° 0,05
    30° 0,08
    35° 0,11
    40° 0,14
    45° 0,18
    50° 0,22
    60° 0,37
    70° 0,55
    80° 0,75
    90° 1,00
    100° 1,27
    120° 1,87
    140° 2,43
    160° 2,85

Fig. VI. Ausbiegungen
    r = kleiner als $10 d$ 0,50
    r = größer als $10 d$ 0,00

Fig. VII. Abzweige
    $d = d_1$ bis $1,5 \cdot d_1$ 2,50
    $d = 1,5 \cdot d_1$ bis $2 \cdot d_1$ 2,20
    $d = 2 \cdot d_1$ bis $3 \cdot d_1$ 1,90
    $d = 3 \cdot d_1$ bis $4 \cdot d_1$ 1,70
    d = größer als $4 \cdot d_1$ 1,50

Fig. VIII. Hosenstücke 1,00

Fig. IX. T-Stücke 3,00
    T-Stücke gegenläufig 6,00

Fig. X. Allmähliche zentrale Verengung 0,10
    desgl. für sehr schlanken Übergang 0,00
    NB! es ist stets die größere Geschwindigkeit w_2 einzusetzen.

Fig. XI. Allmähliche zentrale Erweiterung:

Querschnittsverhältnis F 2 : F 1

Grad	1,2	1,3	1,6	1,8	2,0	2,5	3,0
10	0,00	0,03	0,06	0,11	0,17	0,40	0,70
15	0,01	0,04	0,09	0,16	0,26	0,58	1,04
20	0,01	0,05	0,12	0,22	0,34	0,77	1,36
25	0,02	0,06	0,15	0,27	0,42	0,95	1,68
30	0,02	0,08	0,18	0,32	0,50	1,12	2,00
40	0,02	0,10	0,23	0,41	0,64	1,44	2,55

NB! Es ist stets die niedrigere Geschwindigkeit w_1 in Rechnung zu stellen.

Schieber, bei 0 bis 7/8 Stellhöhe . . . . 0,0 bis 9,0
Drosselklappen bei 5 bis 60° Stellwinkel . . . . 0,3 bis 10,0

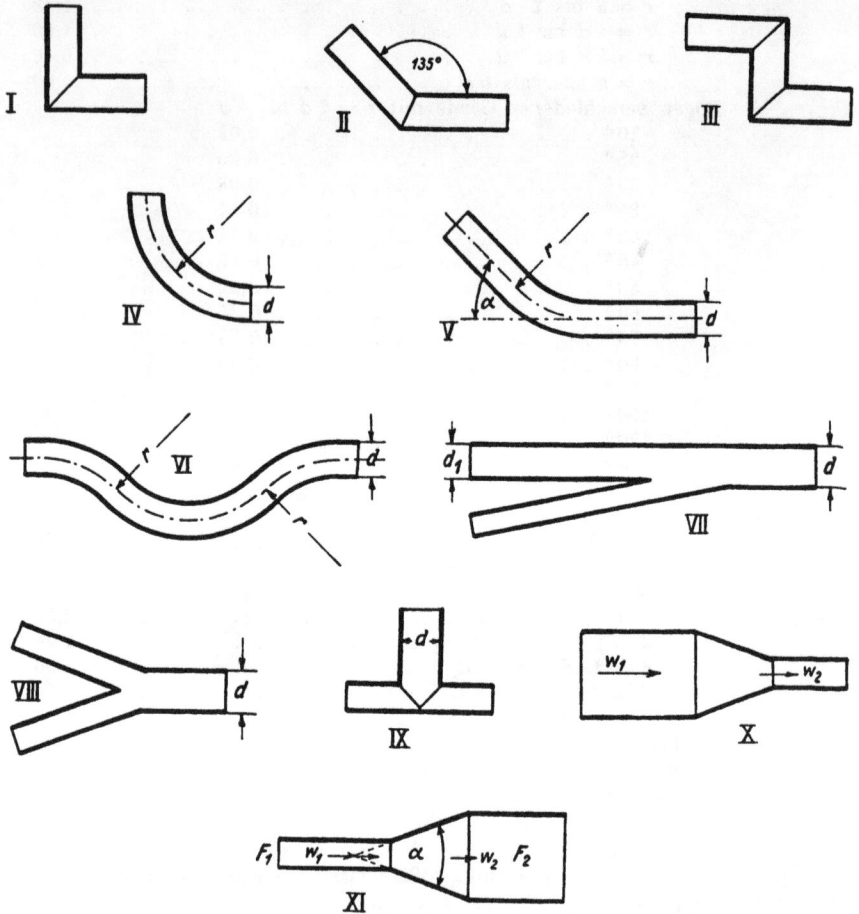

Einzelwiderstände.

Die im Brechungsbeispiel auftretenden 45°-Krümmer, an welche sich die Spänefänger anschließen, weisen gemäß Tabelle den Wert 0,18 auf. Handelt es sich also um einen solchen Krümmer für eine Leitung von 150 mm Durchm., dann beträgt die gleichwertige Zusatzlänge $0,18 \cdot 1,5 = 0,27$ m.

Da Bogen mit einem mittleren Krümmungsradius von $6 \cdot D$ und mehr keine Sonderverluste haben und nur als gestreckte Rohrlängen zur Berechnung gelangen, erscheint es vorteilhaft, in einer Anlage tunlichst derartige Krümmer anzuwenden, wie es denn auch in dem vorliegenden Anlagenbeispiel durchgeführt wurde. Lediglich dadurch war es möglich, die durch Einzelwiderstände bedingten Druckverluste auf 21,5 vH der Gesamtheit herunterzudrücken, ein überaus günstiges Ergebnis, wenn man die Daten der Brabbéeschen Tabelle als richtig gelten lassen will.

Um die Berechnung der gestreckten Krümmerlängen, die in die tatsächlichen Rohrlängen einzutragen sind, zu erleichtern, bediene man sich der hier beigefügten kleinen Tabelle.

Gestreckte Längen von Bogen 90 Grad und 100 mm Durchmesser.

Radius	$0,5\,D$	$1,0\,D$	$1,5\,D$	$2,0\,D$	$2,5\,D$	$3,0\,D$	$3,5\,D$	$4,0\,D$
Länge mm	78,5	157,1	236,4	314,2	392,2	471,2	549,7	628,2
Radius	$4,5\,D$	$5,0\,D$	$5,5\,D$	$6,0\,D$				
Länge mm	704,7	785,5	864,0	942,5				

Andere Rohrdurchmesser sind den Werten der Tabelle proportional; z. B.

$$350 \text{ mm Durchm. mit } r = 1,5\,D = 236,4 \cdot 3,5 = 825 \text{ mm oder}$$
$$350 \text{ mm Durchm. mit } r = 3,5\,D = 549,7 \cdot 3,5 = 1924 \text{ mm}$$

und da diese Proportionalität auch für andere Winkel besteht, ergibt eine Berechnung, wie folgt:

$$350 \text{ mm Durchm. mit } r = 2,0\,D \text{ und } 30^0:$$
$$= (314,2 \cdot 3,5 \cdot 90):30 = 366,6 \text{ mm oder}$$
$$ 80 \text{ mm Durchm. mit } r = 5,0\,D \text{ und } 125^0:$$
$$= (785,5 \cdot 0,8 \cdot 125):90 = 872,8 \text{ mm.}$$

Nach Ausweis der Tabelle über Einzelwiderstände verursachen Schieber und Drosselkappen die meisten Druckverluste und wenn man sich schon bei einer Absaugeanlage hinsichtlich der Einzelwiderstände möglichste Beschränkung auferlegen soll, so gilt das vornehmlich in Bezug auf die genannten Reglerorgane, die am besten ganz vermieden werden, denn es handelt sich nicht allein um die Druckverluste, sondern auch um die leicht durch sie herbeigeführten Verstopfungen. Es ist doch einzusehen, daß sich gerade an den Drosselklappen und den teilweise in die Rohrleitung hineinragenden Schiebern längere Fasern, Späne u. dgl. festsetzen, dadurch Verengungen des freien Querschnittes und schließlich völliges Versetzen desselben bewirken.

Die Annahme, mittels solcher Regler auch bei Späne- oder ähnlichen Transporten jeweils die Liefermengen beeinflussen zu können, ist als eine abwegige zu bezeichnen. Dies ist nun, wie zugegeben werden soll, nicht ohne weiteres einzusehen und deshalb mag auch hierfür der zahlenmäßige Beweis erbracht werden.

Gemäß der beifolgenden Skizze soll es sich um eine einfache Absaugeleitung handeln, bestehend aus einem Rohrstrang I von 20 m Länge, der minutlich 45 cbm zu fördern habe, einem Strang II von 6 m Länge, für 15 cbm/min Förderung. Beide Stränge vereinigen sich in einem Strang III von 15 m Länge, der zum Exhaustor führt. Es handle

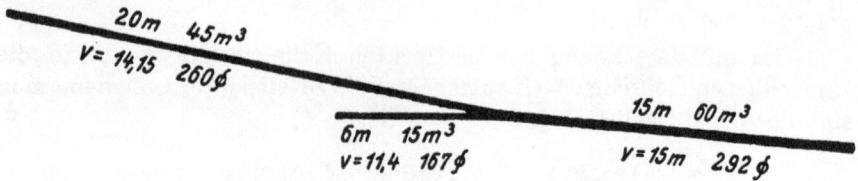

Kleiner Rohrplan für Zwischenbeispiel.

sich lediglich um Luftabsaugung; das spezifische Gewicht betrage 1,2 kg pro cbm. Skizze. Die Berechnung ergibt folgende Tabelle.

m³	$\dfrac{Q'}{Q}$	$\sqrt[5]{}$	v	ϕ	λ	$\dfrac{v^2}{2 \cdot g}$	L	$\dfrac{L}{D}$	Σ
60	1,00	1,000	15,00	292	0,0163	11,47	15	51,4	9,60
45	0,75	0,944	14,15	260	0,0167	10,21	20	76,9	13,10
15	0,25	0,758	11,40	167	0,0190	6,62	6	35,9	4,52

$$27{,}22 \cdot 1{,}2$$

$$= 32{,}66 \text{ mm WS statisch,}$$
$$+\ 13{,}76 \text{ mm WS dynamisch,}$$

zusammen 46,42 mm WS Widerstände, die vom Exhaustor aufzubringen sind.

Es werde nun angenommen, der Strang I, der minutlich 45 cbm zu fördern habe, werde mittels einer Drosselklappe, eines Schiebers oder sonstwie abgeschlossen; der Exhaustor wendet seine ganze Leistungsfähigkeit dem Strange II zu, der 15 cbm liefern soll, vielleicht gar nicht mehr liefern darf.

Werden insgesamt lediglich 15 cbm gefördert, dann stellt sich im Strang III eine Strömungsgeschwindigkeit von nur 3,75 m/sek ein, die einer Geschwindigkeitshöhe von

$$hg = (v \cdot v) : 2 \cdot g = 0{,}86 \text{ mm WS}$$

entsprechen.

Da Strang III aber nur Sammelstrang ist, entfällt zur Ansauguug die volle Leistungsfähigkeit des Exhaustors allein auf den Strang II. Im ersten Betriebsfall, in welchem der Strang I auch angeschlossen ist, leistet das Gebläse 46,42 mm WS Gesamtdruck, die bei unveränderter

Umdrehungszahl jetzt auf den Strang II einwirken. Die Gesamtpressung setzt eine Geschwindigkeit von

$$v = \sqrt{\frac{h \cdot 2 \cdot g}{\gamma}} = \sqrt{\frac{46{,}42 \cdot 19{,}62}{1{,}2}} = \sqrt{759} = 27{,}55 \text{ m/sek}$$

voraus und diese bedingen für den Strang II — Rohr 167 mm ϕ = 0,0219 qm — eine minütliche Fördermenge von

$$Q = F \cdot v \cdot 60 = 0{,}0219 \cdot 27{,}55 \cdot 60 = 36{,}2 \text{ cbm}$$

und da der Strang II von derselben Menge durchflossen wird, so ergibt sich für diesen bei einem Rohrdurchmesser von 292 mm = 0,067 qm

$$v = 36{,}2 \ (0{,}067 \cdot 60) = 9{,}0 \text{ m/sek},$$

die einer Geschwindigkeitshöhe von 4,96 mm WS entsprechen.

Die Abrechnung zeigt jetzt folgendes Bild:

ϕ	v	λ	$h\,g$	$L{:}D$	Summe
292	9,00	0,0163	4,96	51,4	4,15
167	27,55	0,0190	46,42	35,9	31,60

35,75 mm WS statisch

dazu Ausblasverlust 4,96 mm dynamisch

insgesamt 40,71 mm WS Widerstände.

Der Unterschied gegenüber 46,42 des ersten Beispieles = 5,71 mm WS entfällt auf den Ve lust, der beim Eintritt des engen Rohres in das weite infolge der plötzlichen Querschnittserweiterung entsteht.

Es hat sich hier gezeigt, daß zufolge Abschlusses des Stranges I bei gleicher Tourenzahl des Gebläses und gleichen Gesamtwiderständen der enge Strang II nicht, wie ursprünglich 15 cbm/min, sondern deren 36,2 cbm zu fördern hat.

Man ersieht, daß es mit dem Absperren einzelner Stränge seine eigene Bewandtnis hat, indem dadurch die Lieferungen der in Betrieb bleibenden wesentliche Beeinflussungen erfahren und insbesondere im Sammelstrang — hier III — die Fördergeschwindigkeit derart herabgemindert werden kann, daß sie sogar unter der Schwebegeschwindigkeit bleibt, so daß sich das Material niederschlägt und Verstopfungen eintreten. Da zudem, wie das absichtlich etwas übertriebene Beispiel ausweist, der Kraftbedarf unverändert bleibt, ist es immer ratsam, einzelne Stränge auch dann nicht zu verschließen, wenn sie außer Betrieb stehen; sie bringen dann wenigstens das Gute mit sich, daß sie die Lüftung des Arbeitsraumes unterstützen.

Innerhalb nicht sehr weiter Grenzen gibt es allerdings ein Mittel, trotz Abstellung eines Rohres oder einiger Stränge die Lieferung der übrigen unbeeinflußt zu lassen; es sind die Umläufe des Flügelrades zu verändern.

Das für Ventilatoren gültige Proportionalitätsgesetz sagt, daß unter sonst g l e i c h e n Ä q u i v a l e n z e n die Liefermengen den Umdrehungen proporlional sind, während sich die Druckhöhen zu einander verhalten, wie die Quadrate der Tourenzahlen oder Fördermengen. Wenn also z. B. bei 2000 minutlichen Touren des Gebläses 60 cbm bei 250 mm WS gefördert werden, so ergeben sich für 1500 Umläufe

$$2000 \text{ zu } 1500 = 60 \text{ cbm zu } x = (60 \cdot 1500) : 2000 = 45 \text{ cbm}$$

und

$$2000^2 \text{ zu } 1500^2 = 250 \text{ zu } x = (250 \cdot 2\,250\,000) : 4\,000\,000 = 140{,}6 \text{ mm WS}$$

oder

$$60^2 \text{ zu } 45^2 = 250 \text{ zu } x = (250 \cdot 2025) : 3600 = 140{,}6 \text{ mm WS}.$$

Eine derartige Tourenregulierung dürfte sich indes nur selten durchführen lassen und selbst dann nicht das gesteckte Ziel erreichen, wenn nicht auch die Äquivalenz entsprechend geändert wird.

Der große Einfluß, den Reibungsverluste bei Dimensionierung von Rohrleitungen ausüben, ist hinlänglich gewürdigt worden. Es muß noch — obschon eigentlich selbstverständlich — darauf hingewiesen werden, daß sich die Höhe dieser Verluste unter sonst gleichbleibenden Verhältnissen mit dem spezifischen Gewicht des zu fördernden Materiales, mit dessen äußerer Beschaffenheit und dem Mischungsverhältnis ändern. Es erscheint unerläßlich, sich auf Grund gewisser Voraussetzungen und Ermittelungen ein Bild vom größten Widerstand zu machen, den eine Mischung gegenüber reiner Luft verursacht. Ist das Mischungsverhältnis m, das Volumen des Materiales zum Luftvolumen ein kleines, so kann man von folgender Überlegung ausgehen.

Für reine Luft ist die zur Überwindung der Reibung aufzuwendende Energie in mkg/sek.

$$L = Q \cdot Hr = Q \cdot \frac{\lambda \cdot L}{D} \cdot \frac{\gamma \cdot v^2}{2 \cdot g}$$

Handelt es sich hingegen um eine Mischung, so ist ohne weiteres einzusehen, daß jetzt die Energie cine andere werden muß; man kann annehmen, daß die Gleichung jetzt lautet:

$$Lm = Q \cdot \frac{\lambda \cdot L}{D} \cdot \frac{\gamma \cdot v^2}{2 \cdot g} + Q' \cdot \frac{\lambda' \cdot L}{D} \cdot \frac{\gamma' \cdot v^2}{2 \cdot g}$$

worin Q', γ', λ' die entsprechenden Größen des zu fördernden Materiales bedeuten. Setzt man nach obiger Begriffsbestimmung $Q' = m \cdot Q$ und beachtet, daß die nötige Energie zum Transport dieser Mischung ist

$$Lm = (Q + Q') \cdot Hm,$$

so findet man den Druckverlust gleich

$$Hm = \frac{Q \cdot (\lambda \cdot \gamma + \lambda' \gamma' \, m)}{Q + Q'} \cdot \frac{L \cdot v^2}{D \cdot 2 \cdot g} = \frac{\lambda \cdot \gamma + \lambda' \gamma' \, m}{1 + m} \cdot \frac{L \cdot v^2}{D \cdot 2 \cdot g}$$

Ist nun der Annahme bzw. der Bedingung gemäß m klein gegenüber der Einheit, und setzt man als wohl zulässig annäherungsweise $\lambda' = \lambda$, dann ergibt sich

$$Hm = \lambda \cdot \frac{L}{D} \cdot (\gamma + \gamma' \cdot m) \cdot \frac{v^2}{2 \cdot g}$$

Der Reibungsverlust, durch die Mischung hervorgerufen, ist sonach in Bezug auf den Reibungsverlust H_r der Förderung reiner Luft

$$Hm = (1 + \frac{\gamma'}{\gamma} \cdot m) \cdot Hr,$$

d. h. z. B. wenn $\gamma = 1{,}2$ kg/cbm und $\gamma^1 = 600$ kg/cbm und das Mischungsverhältnis $m = 1500$, dann wird

$$Hm = (1 + \frac{600}{1{,}2} \cdot \frac{1}{1500}) = 1{,}333 \cdot Hr$$

und muß sonach die für eine entsprechende Absaugeanlage nötige Druckhöhe um 33 vH größer sein, als für reine Luft.

Gleichzeitig vermag man aus dem sich so ergebenden Werte das spezifische Gewicht der Mischung zu entnehmen, indem man denselben mit dem spezifischen Gewicht der Luft multipliziert, d. h. hier

$$1{,}333 \cdot 1{,}2 = \text{rund } 1{,}6 \text{ kg/cbm. Als Probe:}$$

1500 cbm Luft je 1,2 kg = 1800 kg
1 » Material. . . . 600 »
2400 kg : 1500 = 1,6 kg/cbm.

Nach diesen Darlegungen empfiehlt es sich vielleicht, die Tabelle der Werte $\frac{v^2}{2 \cdot g}$ gleich in der Weise auf volle Geschwindigkeitshöhe zu bringen, daß man durch Multiplikation mit $\gamma = 1{,}2$ für Luft ergänzt. Geschieht dies, dann braucht man am Schluß der lt. Muster aufzustellenden Anlagenberechnung das Resultat aus Σ lediglich mit dem Klammerwert der Gleichung Hm zu multiplizieren, um die gesamten tatsächlichen Reibungsverluste zu ermitteln.

Ein anderer von Blaeß vorgeschlagener Weg ist der, daß man die durch den Materialtransport gegenüber der Förderung reiner Luft vermehrte Reibung in der Berechnungszusammenstellung als äquivalente Rohrlänge zuschlägt; im vorstehenden Beispiel würden das 33,3 vH sein. Handelte es sich z. B. um eine tatsächliche Rohrlänge von 50 m, so müßten zur Berücksichtigung der vermehrten Reibung also $1{,}333 \cdot 50$ = 66,65 m Rohrlänge eingeführt werden.

Da dieser Vorschlag aber, bei Lichte besehen, keine Vereinfachung des Berechnungsganges bietet, wohl aber die Übersichtlichkeit des Tabelleninhaltes beeinträchtigt, folgt man ihm besser nicht.

Nachdem nun wohl alle für die Berechnung einer Späneabsauge- und Transportanlage nötigen Betrachtungen und Erläuterungen geboten wurden, ist es angebracht, das bereits erwähnte Beispiel an Hand des Rohrplanes durchzurechnen.

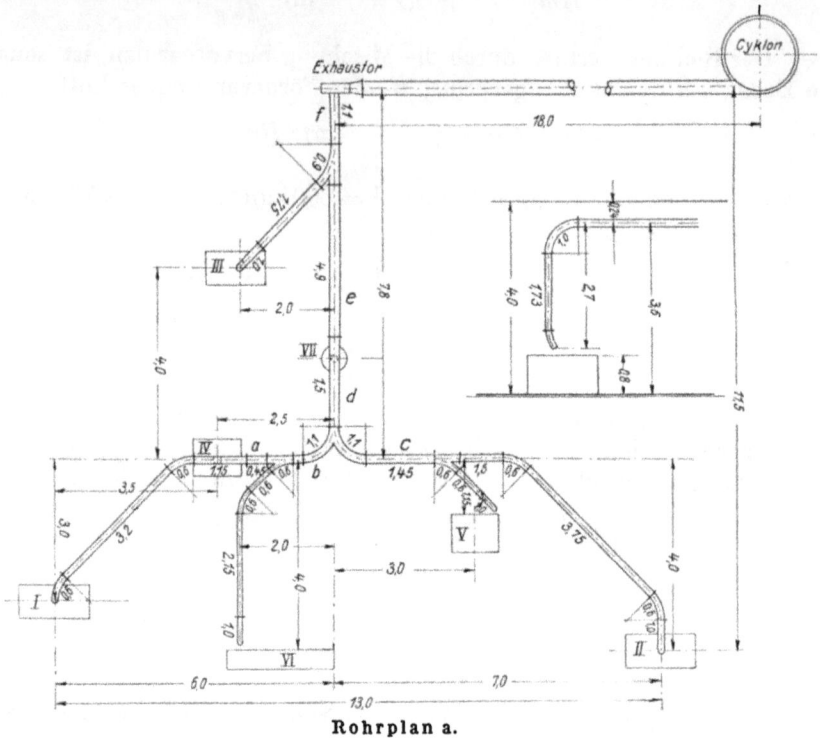

Rohrplan a.

Um die Übersichtlichkeit des Planes — der doch nur im verkleinerten Maßstab zur Reproduktion gelangen kann — nicht zu stören, wird derselbe in zwei Ausführungen geboten; einmal mit Angabe der einzelen Absaugestellen, der Abstände und der gestreckten Längen, sowie Krümmerradien und einmal mit Kennzeichnung der Absauge- und Abzweigstellen, der Rohrdurchmesser und der Fördermengen nebst Strömungsgeschwindigkeiten.

Die Eintragung in das Berechnungsschema geht zweckdienlich folgendermaßen vor sich:

1. die Stränge sind gemäß der ihnen zukommenden Fördermengen zu verzeichnen, und zwar dergestalt, daß

2. diese einander der Größe nach folgen;

3. ist das Verhältnis $Q':Q$ einzutragen, wobei die Gesamtmenge gleich 1 gilt;

4. die sich ergebenden Werte für $Q':Q$ werden in der Tabelle der fünften Wurzeln aufgesucht und der Wurzelwert mit der festgestellten mittleren Geschwindigkeit multipliziert. Wie die mittlere Geschwindigkeit, ebenso die geringste und die höchste, für die Gesamtliefermenge gefunden werden, wurde an anderer Stelle bereits erschöpfend behandelt.

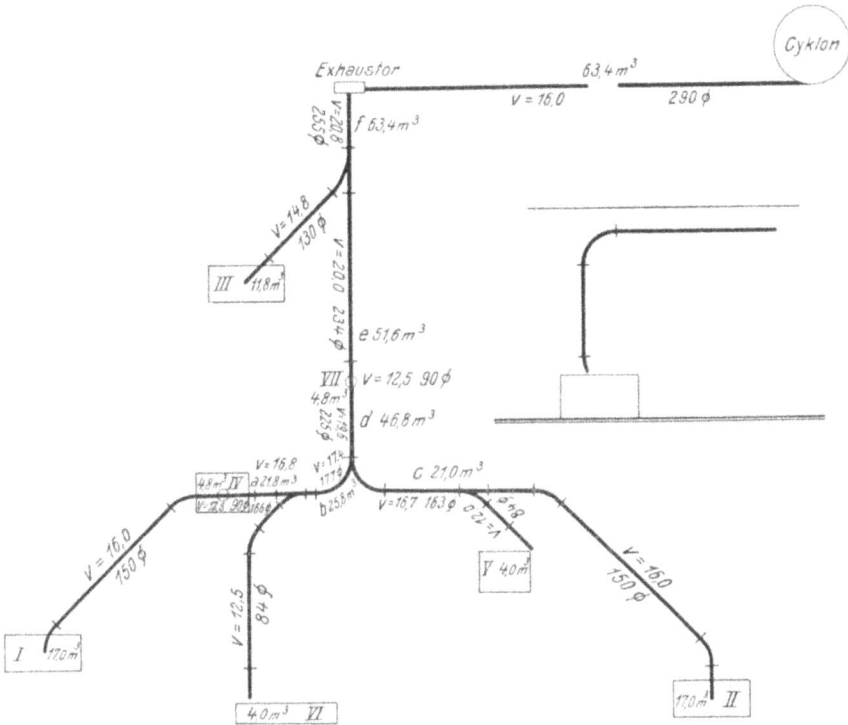

Rohrplan b.

5. Aus Liefermenge und Geschwindigkeit errechnet sich der jeweils erforderliche freie Querschnitt des Rohres und hieraus der Durchmesser, den man am schnellsten und sichersten einer Kreistabelle entnimmt.

6. Die gestreckten Rohrlängen — einschließlich Bogen, Abzweige usw. — werden eingetragen.

7. Die äquivalenten Zuschlaglängen der Einzelwiderstände sind gemäß der Tabelle für Einzelwiderstände und der gegebenen hinlänglichen Erläuterungen einzutragen und

8. die Summen der tatsächlichen und der äquivalenten Rohrlängen zu bestimmen.

9. Aus den Werten der Spalte 8 und dem zugehörigen Rohrdurchmesser ist das Verhältnis $L:D$ zu ermitteln und

10. aus der »Lambda-Tabelle« für den in Betracht kommenden Rohrdurchmesser der Widerstandskoeffizient einzusetzen.

11. Der Sondertabelle ist der Wert für die zugehörige sekundliche Strömungsgeschwindigkeit $(v \cdot v):2 \cdot g$ zu entnehmen und

12. nun das Resultat zu bestimmen nach:

Werte der Spalte $10 \cdot 9 \cdot 11$.

Ist all dies geschehen, wobei, wie das Muster zeigt, die Aufstellung für die Saugleitung und die Druckleitung getrennt zu halten sind, werden die Resultate der Spalte 12 zusammengezählt und zunächst mit dem spezifischen Luftgewicht = 1,2 kg/cbm und dies Ergebnis mit dem Wert Hm multipliziert, was dann den tatsächlichen Reibungsverlust in mm WS darstellt.

Berechnung einer Späneabsauge-Anlage.

NB! Die Krümmer haben alle einen Radius von mehr, denn $5 \cdot d$, und gelangt folglich allein deren gestreckte Länge ohne jeden Zuschlag, die jeweils im Plan eingetragen ist, zur Berechnung.

Die kleinen 45^0 Einlaßkrümmer an den Spänefängern, deren gestreckte Länge 300 mm beträgt, gelangen gemäß besonderer Erläuterung mit 0,18 des Normalkrümmers als äquivalente Widerstandslänge in Ansatz.

Abzweige, das Hosenstück und die allmähliche zentrale Erweiterung des Druckrohres in den Zyklon erfahren die Bewertung ihrer äquivalenten Widerstandslänge gemäß Tabelle.

Strang	cbm/min	Verhältnis $\frac{Q1}{Q}$	Rohrdurchmesser mm	Strömung m/sek	Rohrlänge m	Einzelwiderstände u. deren äquivalente Gesamtlänge m	Summe der tatsächlichen u äquiv. Rohrlängen	Verhältnis $\frac{L}{D}$	Koeffizient Lambda	$\frac{v^2}{2 \cdot g}$	Resultat
6	4,0	0,063	84	12,0	7,0	$B = 0,15$	7,15⎫	149,0	0,0256	7,34⎫	27,70
5	4,0	0,064	84	12,0	5,2	$B = 0,15$	5,35⎭		0,0256	7,34⎭	
4	4,8	0,076	90	12,5	3,1	$B + A = 1,6$	4,71⎫	96,3	0,0247	7,96⎫	18,92
7	4,8	0,076	90	12,5	3,8	$B = 0,16$	3,96⎭		0,0247	7,96⎭	
3	11,8	0,187	130	14,8	5,7	$B = 0,24$	5,94	45,7	0,0210	11,16	10,71
1	17,0	0,268	150	16,0	8,9	$B + A = 2,57$	11,47⎫	157,0	0,0198	13,05⎫	40,60
2	17,0	0,268	150	16,0	9,5	$B + A = 2,57$	12,07⎭		0,0198	13,05⎭	
c	21,0	0,331	163	16,7	2,6	—	2,60	16,0	0,0195	14,21	4,44
a	21,8	0,344	166	16,8	1,0	$A = 1,50$	3,50	21,1	0,0192	14,30	5,83
b	25,8	0,407	177	17,4	1,3	$H = 1,80$	3,10	17,5	0,0188	15,43	5,08
d	46,8	0,738	225	19,6	1,5	$A = 3,40$	4,90	21,8	0,0174	19,58	7,43
e	51,6	0,813	234	20,0	4,9	$A = 3,50$	8,40	35,9	0,0173	20,39	12,66
f	63,4	1,000	255	20,8	1,1	—	1,10	4,3	0,0168	22,05	1,59
zusammen:			55,6		18,65		74,25				134,96

Druckleitung:

63,4			290	16,0	18	$E = 2,9$	20,90	72,1	0,0163	13,05	15,34
insgesamt:			73,6		21,55		95,15				150,30

Die Resultate 134,96 und 15,34 aus der Formel $\dfrac{\lambda \cdot L \cdot v^2}{D \cdot 2 \cdot g}$ müssen, sofern Förderung von Luft mit $\gamma = 1,2$ kg/cbm in Frage käme mit dem spezifischen Gewicht multipliziert werden und ferner noch mit den durch die Spänebeimischung bedingten veränderten Reibungskoeffizienten Hr gemäß der durchgeführten Berechnung. Dies berücksichtigt, ergeben sich endgültig folgende Widerstandshöhen:

    1. für die Saugleitung: $134,96 \cdot 1,2 \cdot 1,18 =$ rund 191,00 mm WS,

    2. für die Druckleitung: $15,34 \cdot 1,2 \cdot 1,14 =$ rund 21,00 mm WS,

        als statische Widerstände . . . . zusammen 212,00 mm WS

        dazu die Geschwindigkeitshöhe . . . . 17,90 mm WS

        der Exhaustor hat mithin einen Gesamtüber-

        und Unterdruck von rund . . . . 230,00 mm WS

zu erzeugen, was bei einem mechanischen Nutzungswert von 55 vH einem Kraftbedarfe von rd. 6 PS entspricht.

Einfacher ist es und erbringt dasselbe Ergebnis, wenn die Resultatsumme gleich mit dem spezifischen Gewicht der Mischung multipliziert wird.

Eine Trennung der Saug- und Druckleitung ist geboten, wenn es sich bei beiden um verschiedene spezifische Gewicht der Fördermischung handelt.

Zum ermittelten Gesamtreibungsverlust ist noch der am Ende der Druckleitung erwachsende Verlust durch die der Ausströmungsgeschwindigkeit zugehörige dynamische Druckhöhe hinzuzuzählen; die Reibungsverluste werden als statische Widerstände bezeichnet.

In der Berechnung findet man Rohrdurchmesser aufgeführt, die nicht handelsüblich sind. Wenn irgend möglich, halte man sich aber bei Ausführung einer Rohranlage an die errechneten Durchmesser, anders die gesetzmäßigen Strömungsgeschwindigkeiten eine Änderung erfahren. Da derartige Rohrleitungen, insbesondere die Krümmer, Abzweige usw. derselben wohl ausnahmslos eigens angefertigt werden müssen, sollte man die errechneten Durchmesser einhalten, weil insbesondere bei den engeren Rohren eine Differenz von 5 mm nach oben oder unten schon erhebliche Abweichungen der Geschwindigkeit und damit der Liefermengen bedingen.

Ein besonderes Augenmerk ist auf den Einmündungswinkel der Abzweige zu richten; je kleiner dieser ist, um so besser. Rechtwinkelige Einmündungen müssen unbedingt vermieden werden.

Da Krümmer in den meisten Rohrleitungen die am häufigsten auftretenden Einzelwiderstände bilden, und sich namentlich mit kleinen Radien kraftverzehrend auswirken, sollte man bestrebt sein, tunlichst Bogen mit Radien gleich oder größer als $6 \cdot D$ vorzusehen, wie solches beim vorliegenden Beispiel geschah. Darauf allein ist es denn auch zurückzuführen, daß diese Anlage nur 21,5 vH der gesamten Druckverluste als Einzelwiderstände aufweist.

Für manchen Leser dürfte die folgende kleine Normalientabelle über Bogen und Abzweige von Interesse sein, weil sich die darin gebotenen Daten in der Praxis bewährten.

Normalien für Krümmer und Abzweige.

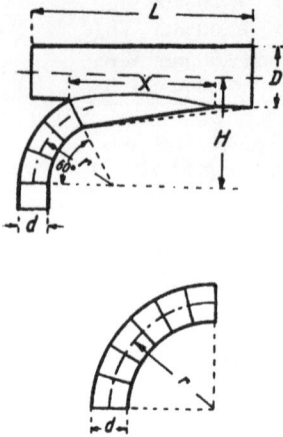

Bei $d = 60$ bis 100 mm wird r wenn möglich, nicht unter 200 mm genommen;

bei d größer als 100 mm wird r wenn möglich, nicht unter $2 \cdot d$ genommen.

Wo angängig, soll r stets größer, bis zu $6 \cdot d$ gewählt werden.

Bei $d = 60$ bis 125 mm wird $H = \dfrac{D}{2} + 0{,}68 \cdot d$ $+ 173$ mm auf 10 mm nach oben aufgerundet.

Bei d größer als 125 mm wird $H = \dfrac{D}{2} + 2 \cdot d$, gleichfalls auf 10 mm nach oben abgerundet.

X wird, wenn möglich $= 5 \cdot d$, sonst reicht der Abzweig bis Ende des Konuses, wie Abbildung.

d	0,68 · d + 173 mm
60	214
70	221
80	227
90	234
100	241
110	248
125	258

Werte für $0{,}68 \cdot d + 173$ mm

D	L
60—100	500
125—150	600
175—200	750
225—300	1000
325—400	1250
425—500	1500
über 500	$3 \cdot D$

Werte für L

Es erübrigt sich noch, den für das Beispiel geeigneten **Exhaustor** zu besprechen und zu berechnen.

Bekanntlich weist jedes Schleudergebläse nur **einen** Betriebsfall auf, bei welchem es am wirtschaftlichsten arbeitet. Hieraus resultiert eigentlich, daß für jede Anlage das zugehörige Gebläse berechnet, konstruiert und erstellt werden müßte. Das trifft indes, leider, fast nie zu; vielmehr wird aus Preislisten ein Schleudergebläse gewählt, das nach den wahrlich nicht immer zuverlässigen Angaben geeignet erscheint, die ihm zugemutete Arbeit zu verrichten. Wie oft dies aber nicht der Fall, beweisen die vielfach lautwerdenden Klagen. Jüngst erst erhielt der Verfasser seitens einer namhaften Firma ein Schreiben, in dem es drastisch, aber richtig heißt: »... nämlich, daß die Lieferanten der Ventilatoren viel versprechen, aber sehr wenig halten, so daß man oft in sehr große Unannehmlichkeiten bezüglich der Leistungsbemessung kommt.« Wo es sich um große Anlagen handelt, soll man stets ein besonderes, für den vorliegenden Fall abgestimmtes Schleudergebläse einbauen. Für kleinere Anlagen mag vielleicht die Wahl eines Listengebläses angängig sein, sofern dieses in seinen ausschlaggebenden Konstruktionsdetails einer vorangegangenen Berechnung angepaßt wurde. Meist wird man mit dem Einbau eines anderen Flügelrades mit richtigem Einlaufwinkel auskommen; die Saugöffnung läßt sich unschwer ändern und dem Ausblas ist ev. ein Diffusor vorzubauen.

Für Späneabsaugeanlagen, desgleichen für Hadern, Stroh, Gespinstabfälle u. dgl. haben sich besondere, sog. offene Flügelräder eingebürgert. Denselben kann nicht das Wort gredet werden, denn erstens entbehren sie des so nötigen richtigen Einlaufwinkels, was heftige Stöße und Wirbelungen zeitigt und zweitens sind sie einer richtigen Strömung des Fördergutes geradezu hinderlich. Der manometrische Nutzungswert derartiger »Späneflügel« ist denn auch ein sehr geringer.

Es ist doch ohne weiteres einleuchtend, daß sich das zu fördernde Material, bzw. die Mischung in geschlossenen Schaufelkanälen gleichmäßiger fortbewegt, als zwischen offenen Schaufeln, bei denen man eher von einem »Quirlen« sprechen kann. Natürlich darf ein für Spänetransport bestimmtes geschlossenes Flügelrad nicht so viele Schaufeln aufweisen, wie ein gewöhnliches; die Schaufelteilung muß größer sein. Aus diesen Erwägungen heraus hat Verfasser seit über einem Jahrzehnt seine Exhaustoren für Späneabsaugeanlagen stets mit geschlossenen Flügelrädern ausgestattet und nur gute Resultate damit gewonnen.

Angesichts der immerhin beträchtlichen Beanspruchung durch Stöße und Erschütterungen, ist es ratsam, Exhaustoren, die für Spänetransporte bestimmt sind, etwas kräftiger, als üblich, auszuführen und besonders gut zu versteifen. Auch ist auf beste Lagerung und eine kräftige Welle zu achten.

Dies alles berücksichtigt, würde sich die Berechnung des Exhaustors für die Beispielsanlage, wie folgt gestalten:

Gegeben sind:

Gesamtfördermenge minutlich $Q = 63,4$ cbm,

das spezifische Gewicht derselben ist

$\gamma = 1,42$ kg/cbm für die Saugleitung,

$\gamma = 1,37$ »   »   » Druckleistung,

der zu erzeugende Gesamt-Über- und Unterdruck setzt sich zusammen aus

212,0 mm statischer Pressung, und

17,9 mm dynamischer Pressung

insgesamt 229,9 mm = rund 230 mm WS.

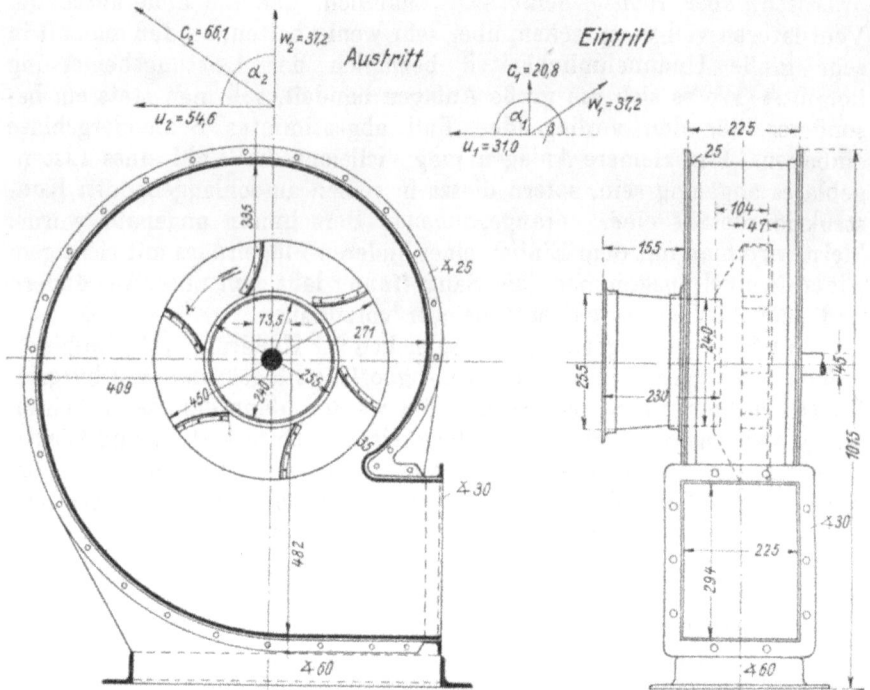

Exhaustor.

Hiernach stellt sich die äquivalente Weite auf

$$ae = 0,347 \frac{V}{\sqrt{h}} \cdot \sqrt{\gamma} = 0,347 \cdot \frac{63,4 \cdot 1,175}{60 \cdot 15,17} = 0,0284 \text{ qm}$$

und damit würde sich eine theoretische Einströmungsgeschwindigkeit ergeben:

$$c' = 2,63 \cdot \sqrt{h} = 2,63 \cdot 15,17 = \text{rund } 39,9 \text{ m/sek.}$$

was praktisch natürlich zu hoch ist, da $c' = 30$ nicht übersteigen darf.

Die Strömungsgeschwindigkeit im Sammelrohr am Exhaustor ist mit 20,8 m/sek. bekannt und soll als c angenommen werden, dann ermittelt sich die Äquivalenz zu

$$ae = 39,9 : 20,8 = 1,92 \text{ zu } 1,00 \text{ oder beinahe } \tfrac{1}{2},$$

was als gut zu bezeichnen ist.

Der lichte Flügelraddurchmesser beträgt nun

$$D_1 = \frac{V}{c} = \frac{63.4}{60 \cdot 20,8} = 0,0508 \text{ qm oder rund 255 mm } \oplus$$

Da der Saugstutzen D_0 des Gehäuses in das Flügelrad eingreift (des Spaltverlustes halber), muß sein Durchmesser etwas kleiner sein; er beträgt:

$$D_0 = 0,95 \cdot D_1 = 0,95 \cdot 255 = \text{rund } 240 \text{ mm Durchm.}$$

Der äußere Flügelraddurchmesser D_2 wird bei derartigen Schleudergebläsen gleich 1,7 bis 1,9 $\cdot D_1$ genommen, was hier ergäbe:

$$D_2 = 1,75 \cdot D_1 = 1,75 \cdot 2,55 = 446 \text{ oder rund } 450 \text{ mm Durchm.}$$

Die Gehäusebreite ist

$$B = 0,5 \cdot D_2 = 0,5 \cdot 450 = 225 \text{ mm.}$$

Den Durchmesser des Ausblasens D_a macht man gleich dem lichten Raddurchmesser. Da sich aus fabrikatorischen Gründen bei Blech-Schleudergebläsen die Ausblaseöffnung nicht als Kreis, sondern als rechteckige Öffnung ergibt, eine solche aber in ihrer Leistung nicht dem Querschnitte, sondern einer gleichwertigen Kreisfläche entspricht, müssen die Abmessungen des Ausblases erst festgestellt werden.

Da entspricht als gleichwertiger Durchmesser der lichte des Rades, also 255 mm. Die eine Seite b des Ausblases ist durch die Gehäusebreite B bereits mit 225 mm gegeben. Nach Gleichung

$$a = \frac{b \cdot Dgl}{2 \cdot b - Dgl} = \frac{225 \cdot 255}{450 \cdot 255} = 294 \text{ mm}$$

und somit weist der Ausblas D_a eine Höhe von 294 und eine Breite von 225 mm auf.

Die Entfernung der Schaufeln untereinander darf nicht zu gering bemessen sein, damit die Späne leicht passieren können. Wird die Teilung am Radinnern, bei D_1 zu 135 mm angenommen, dann ergeben sich

$$z = \frac{D_1 \cdot \pi}{135} = \frac{255 \cdot 3,14}{135} = \text{rund } 6 \text{ Schaufeln.}$$

Die Seitenlänge des Konstruktionsquadrates, dessen Ecken die Zentren zur Bildung der archimedischen Gehäusespirale geben, ist aus der Höhe des Ausblases zu bestimmen, sofern der Scheitelpunkt des Flügelrades in gleicher Höhe mit der inneren Kante des Ausblases liegt, wie dies hier der Fall sein soll, um tunlichst großen Durchgangsraum für die Späne zu schaffen.

$$\text{Quadratseite} = H : 4 = 294 : 4 = 73,5 \text{ mm.}$$

Unter Einsetzung eines manometrischen Wirkungsgrades η von nur 55 vH der voraussichtlich überschritten wird, sollen nun die Umdrehungszahlen des Exhaustors festgelegt werden. Als für Späneabsaugung allein richtige Schaufelform, werde die radial auslaufende gewählt. Es gilt jetzt:

$$u_2 = \sqrt{\frac{h \cdot g}{\gamma \cdot \eta}} = \sqrt{\frac{230 \cdot 9{,}81}{1{,}38 \cdot 0{,}55}} = \sqrt{2980} = 54{,}6 \text{ m/sek}$$

und daraus

$$n = \frac{u_2 \cdot 60}{D_2 \cdot \pi} = \frac{54{,}6 \cdot 60}{1{,}414 \cdot 3{,}14} = 2320$$

Da sich die Umdrehungszahlen wie die verschiedenen Durchmeser zu einander verhalten, gilt als Umfangsgeschwindigkeit für den inneren Raddurchmesser D_1

$$u_1 = \frac{u_2 \cdot D_1}{D_2} = \frac{54{,}6 \cdot 255}{450} = 31{,}0 \text{ m/sek.}$$

und jetzt ermittelt sich, da c und u_1 bekannt sind, der Schaufeleinlaufwinkel gemäß

$$tg\beta = \frac{c}{u_1} = \frac{20{,}8}{31{,}0} = 0{,}671 \text{ gleich } 33^0 35' \text{ oder rund 34 Grad.}$$

und sonach der Schaufelwinkel

$$a_1 = 180 - 34 = 146^0,$$

was als durchaus zulässig zu bezeichnen ist, da dieser Winkel zwischen 110 und 150^0 liegen darf.

Die relative Eintrittsgeschwindigkeit w_1 ist

$$w_1 = \frac{c}{\sin(180 - a)} = \frac{20{,}8}{0{,}559} = 37{,}2 \text{ m/sek.}$$

Die relative Austrittsgeschwindigkeit w_2 soll gleich oder bis zu $1{,}5 \cdot w_1$ sein. Um einen möglichst großen Auslaßkanal in der Schaufelung zu erhalten, werde w_2 gleich w_1, d. h. zu 37,2 m/sek. angenommen.

Der Querschnitt der Schaufelkanäle ist ein rechteckiger und muß deshalb der gleichwertige Durchmesser gesucht werden. Diesen ergibt die Gleichung:

$$Dgl_2 = \sqrt{\frac{4 \cdot V}{z \cdot \pi \cdot w_2}} = \sqrt{\frac{4 \cdot 63{,}4}{60 \cdot 6 \cdot 3{,}14 \cdot 37{,}2}} = \sqrt{0{,}00603} = \text{rund 78 mm}$$

und da für die Länge des äußeren Schaufelkanales die Teilungssehne eines Polygones von 6 Seiten gilt $= 0{,}5 \cdot D_2 = 225$ mm, so bestimmt sich die äußere Flügelbreite zu

$$b_2 = \frac{225 \cdot 78}{450 - 78} = 47 \text{ mm,}$$

so daß der äußere Schaufelkanal die Abmessungen 225 mal 47 mm erhält.

Für die innere Radbreite, bzw. für deren Schaufelkanal ist die Teilungslänge zu berücksichtigen, sonach

$$(D \cdot \pi):6 = 801:6 = 133 \text{ mm}$$

und der gleichwertige Durchmesser beträgt:

$$Dgl_1 = \sqrt{\frac{4 \cdot V}{z \cdot \pi \cdot c}} = \sqrt{\frac{4 \cdot 63,4}{60 \cdot 6 \cdot 3,14 \cdot 20,8}} = 108 \text{ mm}$$

und die Breite

$$b_1 = \frac{133 \cdot 108}{266 - 108} = 104 \text{ mm}$$

so daß also der innere Schaufelkanal die Abmessungen 133 mal 104 mm erhält.

Damit sind alle Daten für die Konstruktion des Exhaustors gegeben. Eine Schnittzeichnung des Flügelrades und eine desgleichen durch den Exhaustor sind zur Veranschaulichung angefügt.

Da die Ausblaseöffnung D_a des Exhaustors nur einem gleichwertigen Durchmesser von 255 mm entspricht, die angeschlossene Druckleitung aber einen Durchmesser von 290 mm aufweist, so ist an die Ausblaseöffnung ein Diffusor (Verbreiter) einzubauen, der den rechteckigen Querschnitt auf einen runden, und zwar auf denjenigen des Druckrohres überführt. Es handelt sich hierbei um ein Flächenverhältnis $F_2:F_1 = 1,293$ und wird bei Anwendung eines Neigungswinkels von 10^0 der Nutzungswert nahezu 100 vH erreichen.

Wie üblich, werden die Späne durch die Druckleitung einem Späneabscheider (Zyklon) oder einer Sammelkammer zugeführt.

Wo, wie namentlich bei Staubabsaugungen, ein Filter Verwendung findet, die mit und ohne mechanisches Abklopfwerk gefertigt werden, muß der mitunter beträchtliche Widerstand dieses Staubfilters ermittelt und mit in Rechnung gestellt werden.

Kurz sei noch darauf hingewiesen, daß sich bei fast allen Maschinen, die mit einer Absaugung verbunden werden sollen, besondere Staub- oder Spänefänger erforderlich machen.

Diese müssen so konstruiert und angebracht sein, daß Späne und Staub restlos hineingelangen können, wobei der durch die Maschine bzw. deren Werkzeug erzeugte kräftige Luftstrom sehr fördernd wirkt. Bekanntlich nimmt die Saugfähigkeit schnell ab, sofern das Mundstück nicht dicht an der Staub- oder Späneentstehungsstelle liegt, und deshalb macht es sich erforderlich, Maschinen oder Apparate, welche keinen oder nur einen minimalen Luftstrom erzeugen, teilweise oder ganz einzumanteln. Man muß eben von Fall zu Fall prüfen und die Erfahrungen der Fabrikanten mit zu Rate ziehen.

Zweckmäßig erscheint es, die Späne- oder Staubfänger gleich vom Erzeuger der Maschinen mitliefern zu lassen; wenn nicht, dann müssen dieselben an Ort und Stelle seitens eines erfahrenen Handwerkers entworfen, zugeschnitten und angepaßt werden. Unzweckmäßige Fänger stellen mitunter die ganze Absaugung in Frage. Da alle Fänger schlank konisch in den kleinen Anschlußkrümmer überführen, entstehen keinerlei sonst wirksamen Eintrittsverluste.

Wie aus dieser Abhandlung und dem Musterbeispiel zu ersehen, vermag man bei sorgfältiger Berechnung nach der vereinfachten Methode mit relativ geringen Druckverlusten und einem kleinen, wenig Kraft erheischenden Schleudergebläse auszukommen und dabei doch eine Anlage zu erstellen, die allerseits und dauernd einwandfrei funktioniert.

Sachverzeichnis.

SCHLEUDERGEBLÄSE

BERECHNUNG UND KONSTRUKTION

VON

HANS RUDOLF KARG

OBERINGENIEUR

140 Seiten mit 49 Abbildungen und Diagrammen, 9 Tabellen und vielen Beispielen.
Gr.-8⁰. 1926. Broschiert M. 7.50; in Leinen gebunden M. 9.—.

INHALTS-ÜBERSICHT:

Die Fachliteratur über Schleudergebläse ist wenig umfangreich, insbesondere fehlte ein Buch, das, auf wissenschaftlicher Grundlage stehend, unter Beachtung und Verwertung aller seit Jahren in der Praxis gesammelten Erfahrungen dem konstruierenden Ingenier und Techniker das bietet, was er sonst vergeblich in der Fachliteratur sucht, mindestens aber mühsam und doch unvollständig zusammentragen muß.
Das vorliegende Handbuch befaßt sich eingangs kurz mit den für die Berechnung von Schleudergebläsen erforderlichen physikalischen Gesetzen der Ventilatorentheorie, weiterhin ausführlich mit der Berechnung und Konstruktion der Schleudergebläse bis zu 1500 mm Flügeldurchmesser und den erreichbar höchsten Über- und Unterdrücken. In besonderen Abschnitten werden die so wichtigen richtigen Einströmungsgeschwindigkeiten nach neuem, erprobtem Verfahren behandelt, desgleichen die Ermittlung der manometrischen und mechanischen Nutzungswerte nach dem Proportionalitätssystem, durch Berechnung und Diagramme die allein richtigen Einund Auslaßwinkel der Schaufelenden usw. Besonderer Wert wurde auf Berechnung der Wellen, Lager und Riemen gelegt. Ein eigenes Kapitel beschäftigt sich mit dem statischen und dynamischen Auswuchten der Flügelräder und mit Auswuchtmaschinen. Weiterhin wird die Bestimmung der so gefährlichen „kritischen Umlaufzahlen" und die Berechnung der Wirkung von Massenverschiebung (Exzentrizität des Schwerpunkts gegenüber der Wellenachse) behandelt. Mehrere peinlich durchgerechnete Beispiele, Diagramme und Tabellen erleichtern dem Konstrukteur die Arbeit.

R. OLDENBOURG · MÜNCHEN UND BERLIN

www.ingramcontent.com/pod-product-compliance
Lightning Source LLC
Chambersburg PA
CBHW031454180326
41458CB00002B/761